鳥よ、人よ、甦れ

東京港野鳥公園の誕生、そして現在

加藤幸子

藤原書店

東京港野鳥公園で見られる鳥たち

写真提供……植村浩（カワウ、メダイチドリ）／日本野鳥の会

▲カイツブリ（留鳥）

▲カルガモ（留鳥）

▲オオバン（留鳥）

▲カワウ（留鳥）

▲アオサギ（留鳥）

▲ダイサギ（留鳥）

▲ハクセキレイ（留鳥）

▲カワセミ（留鳥）

旅鳥:春と秋の渡りの途中、つばさを休める鳥　夏鳥:初夏に渡ってきて、夏をすごす鳥　冬鳥:秋に渡ってきて冬を越す鳥

▲オオタカ（留鳥）

▲ノスリ（留鳥）

▲イソシギ（留鳥）

▲セイタカシギ（主に旅鳥）

▲チュウシャクシギ（旅鳥）

▲オグロシギ（旅鳥）

▲ツルシギ（旅鳥）

▲ハマシギ（旅鳥）

留鳥:1年中、日本のどこかで見られる鳥

▲メダイチドリ（旅鳥）

▲タシギ（旅鳥または冬鳥）

▲バン（夏鳥）

▲チュウサギ（夏鳥）

▲ササゴイ（夏鳥）

▲ヨシゴイ（夏鳥）

▲コチドリ（主に夏鳥）

▲コアジサシ（夏鳥）

▲ホシハジロ（冬鳥）

▲キンクロハジロ（冬鳥）

▲オナガガモ（冬鳥）

▲ハシビロガモ（冬鳥）

▲ヨシガモ（冬鳥）

▲ユリカモメ（冬鳥）

▲コミミズク（冬鳥）

▲ジョウビタキ（冬鳥）のオス［左］とメス［右］

鳥よ、人よ、甦れ——東京港野鳥公園の誕生、そして現在

／目次

鳥よ、人よ、甦れ

——東京港野鳥公園の誕生、そして現在

わが町の自然性――序にかえて

この自然を残して！

十五年前、東京の大田区に風変わりな公園が誕生した。東京港野鳥公園というやや堅苦しい名前をつけられたこの公園は、従来の都市公園とは異なるいくつかの特色をもっていた。

その一　野鳥をはじめ多種多様の生物の生息地としての環境を保全する。
その二　人間はそこにあるままの自然を楽しむか、学習するために利用する。したがってアミューズメント型の施設はつくらない。
その三　人工で造成された埋立地に再生された自然である。
その四　行政主導ではなく地域の住民が自主的に動いた結果、設立に至った。

その四については、私自身が住民側の代表として、八年にわたり東京都と折衝を重ねたのであった。本書は東京港野鳥公園設立が決定された昭和五十八年（一九八三）直後、私が書きおろした『わが町東京　野鳥の公園奮闘記』（三省堂）から一部を削除し、この稿と「開園から十五年」を書き加えたものである。二十年近くたってはいるが、読み返して見ると二〜四〇代だった当時の私たちの熱っぽさがまざまざと思いだされてくる。今でこそ自然保護関係のＮＰＯ、ＮＧＯは公認された市民組織として受けいれられているけれど、当時は奇人変人扱いされたことが何度もあった。それにもめげず、その上結末がどうなるやら見通しもないままに、丸八年間も行政を相手に奮闘してきたのは、この自然を残して！という単純明快な願いが一同にあったからである。思いもよらず豊かな自然地を身近に発見した興奮と喜びが、原点となった。

しかしよく考えれば、なぜ、この自然なのであろう。ここでなくても、いささか遠方だがあちらにあれば、同じではないのか？　たとえば初めから緑地の予定地になっているはずれの地域。都市部のように立てこんでいないあちらのほうが、より広い面積を獲得できるかもしれない。行政はときどきこういう提案をもちかける。

しかし私たちはここにこだわった。

ここが〝わが町〟の一部だったからである。そして予想もしなかった長い歳月と有形無形の努力を払っても、この公園を〝わが町〟に迎えいれたかった。東京港野鳥公園は、都区内に住む人々が気軽に足を向ける場所でなければならない。そう考えたのだ。

当時の私は、住みなれていた東京を〝わが町〟と呼ぶことにためらいはなかった。そのころには素直にそう呼べる雰囲気が、まだ都内のほぼ全域に漂っていたのである。いや東京ばかりでない、私が生まれ、学生生活を送った札幌も、子供時代を過ごした中国の北京も、どれも〝わが町〟なのだった。いずれも厳密には都市と呼ぶほうがふさわしい規模なのだが。

〝わが町〟というのは感覚的呼称である。それは〈まるで自分のもののように親しんでいる町〉を表わしている。そう感じていれば、そこにいるだれもが使うことができる。自分が暮らしている○○町という狭い地域を指すのはもとより、東京という都市を全体として〝わが町〟とイメージすることもできる。これまでの人生の大半を東京で送った私の場合は後者であった。つけ加えれば〝わが町〟と呼ぶ人が多いほど、その町――規模の大小にかかわらず――は好かれている。〝わが町〟は人がそこにいるとき、ある種の落ち着き――いるべきところにいる、という――を感じさせる。そのとき町と人との間は、分かちがたく密着している。

東京ウォッチング

十八年前の私は、東京を何気なく〝わが町〟と呼ぶことができた。標題は当時の編集者がつけてくれたのだが、とくに違和感はなかった。〝わが町〟という名称に引っかかったのは、平成十六年（二〇〇四）の今である。いったいどうしてなのか。それを考えるためにこの新しい序文を書いているようなものだ。

『奮闘記』を書きあげたときも、市民運動の記録としてはなかなか面白く書けたとは思ったが、本文の内容に心残りの点もあった。野鳥公園が実現した決め手の一つは、地元区だけで六万人以上の方が署名に協力してくださったことである。運動のさ中では単純に嬉しい事実であったが、後になると少し不思議な気がしてきた。都市は自然から離脱した文明によって発展してきたのに、そこに集まってきた人々は今度は自然を求めるのである。野鳥公園が大都市東京の中にあることの、根源的意味が十分に書きこまれていなかったのだ。

子供時代から自然の動植物が大好きだった私も、それまでの生活の大半を東京で過ごしてきた。私の自然への愛着は、東京という都市が育てた、ともいえる。いったい東京の中の何がそうさせたのか。もっと都市を理解しなければ、このもやもやした疑問は収まらない。

それで私が試みたのは渋谷という典型的な東京の街のウォッチングであった。鳥や花を観察するように、すれちがう人、会う人、建物などを見て歩いた。そして得た感想を「私の都市論」という一文にまとめて本文の後に付記したのだった。

その文章でまず私は、埋立地の一角に建設されたばかりの高層団地群を訪れたとき襲われた、めまいのような気分を描写した。「自分の住む変哲もない住宅地から八潮《やしお》パークタウンに突然浸入したために、現実からずれ落ちてしまった」と原因を説明している。しかし環境適応性の幅の広いヒトという生物は、まもなくこの類のめまいを克服するだろう、と思うことも書いた。

私の予想は当たっていた。その五年後、天空に浮く白い巨城のような東京都新庁舎が、西新宿に出現した。野鳥公園について私たちが話し合いをするために通った有楽町の古い庁舎の跡地には、国際フォーラムという大温室のような印象のビルが建った。これに類する東京の変身は、猛スピードで都内のどこでも可能なかぎり行われたので、自然志向の強い私でさえ慣れてしまった。今では地方の友人が遊びにくると、都庁の無料展望台に連れていって、様々のビルで埋めつくされた東京を鳥瞰してもらう。

しかしそうしていながら微かな不安が拭いされない。高名な建築家を信頼しないわけではないのだが、大地震が来たときには周囲の内外とも実用的につくられているビル群より、いち早くついえてしまうのでは……？　そしてこの超モダンな庁舎の中では、野鳥や自然についてのやり取りなど空疎に感じられたにちがいない、とも。

十八年前の観察に戻ろう。渋谷は中学生から大学生までの「私の感情生活の原点」のような町だったが、そのころの面影はさすがに薄れていた。「それでも私は近代的な渋谷の街をわりに気持よく歩く」ことができた。夏の海水浴場みたいなハチ公前広場での待ち合わせの状況は学生だったころと同じであった。「期待と落胆がハチ公をとり巻いている」。

小さい店の並ぶ地下街は、かつての露店が地下に潜ったのだ。駅前広場から一歩踏みこめば、タイムスリップしたように煤《すす》ぼけた食料品店や喫茶店やレストランに出会った。表通りにも、客足があるのかないのかわからないが、頑固にとどまっている店が何軒かあった。「こうなると街の基本的な単位である店の目的が、営利だという説明ではわけがわからなくなる。たぶん店は歳月を経るに従って、樹木のように土地に根を張っていくのだ」と当時の私は感想を述べた。

しかし新宿に西新宿という新しい一画が開発されたように、渋谷にも「パルコ」を中心にまったく別の雰囲気の街並が生じていた。「若者向雑誌から切りぬいたカタログ書割装置」と表現したが、そういう地域もあって悪くはないが、長くとどまっていると「書割を背景に動いている芝居の一員だという虚構感が強くなる」。のちに私が白い城、都庁舎に感じた不安と微妙に重なっていた。

最後に青山方面に向う坂を上がり、中高生のころシャーレや飼育箱を買いにいった「志賀昆虫店」を見に行く。健在だった。しかも三階建てになっている。固定客の需要のある専門店は消えていかない。

都市には自然性がある

白紙の状態でタウンウォッチングに臨んだ私は「(東京は)近代化された、若者向きになったと言われながら、本質的には変わっていないのではないか」と考えた。昔と外見はちがっても、町が活力に満ち、そこにいる人びとが元気であることに気がついたのだった。町はつねに少しずつ欠けていき、つねに少しずつ補充されていく。そのために空疎さは生じない。古いものと新しいものが不自然でなく並ぶ。利潤追求を主張する顔の裏側に、そうではない樹木的論理が存在する。公の権力が整然とした広場や一画をつくっても、その裏に様々の私が頑としてはびこっていた。観察の感想を要約するとこうなろう。

言い換えればその当時の私は、東京の雛型である渋谷に〝わが町〟を感じていた。町から疎外されていない自分、見知らぬ大勢の人間の中に溶けこむ自由な自分がいた。それは森や草原や水辺を歩くときに包まれる、一人でも孤独ではない、という感覚と基本的に同じだった。〝都市には自然性がある〟という考えが閃いたのはそのときである。都市と自然との相似を意識した。

「個の主張に伴うこの豊かな多様性こそ都市の本質ではなかろうか。そしてこの点、自然界は都市のモデルといっていいほど、都市に似ている」

「新旧のものが自己主張しながら、ちゃんとニッチ（生態的地位）にはまりこんでいるからだ」

「森が自然の森であるためには、多種多様の動植物の存在がなければならないように、都市が都市らしくあるためには、種々雑多の人々がいられるようでなければならないだろう」

「都市の特徴は寛容性にある。もし都市が排他的になったら都市ではなくなる。地下道から浮浪者を追いだそうとするのは都市的ではない。同様にいじめも都市的現象ではないし、棄て猫を猫ポストに放りこんだり、土の道路をきらってぜんぶ舗装したり、落葉は困ると言って樹木を切りたおしたりするのも都市的ではない。都市にはあらゆる形がなければ都市とはいえない。車に乗ってもいいが、歩きたいために歩く人を不快にする権利はない。ジャズでもロックでもベートーベンでもいいが、宣伝カーで強制的に一種類の音のみを聞かせることは許されない。選択の自由が最大に保証される場所が、都市である」

都市とは何かを理解したので、東京に野鳥公園を！という突飛な発想、つまり都市の中に本物の自然があるべきという必然性の説明も容易になった。

「アリは昆虫だから自然である。だからアリがつくったアリの巣も自然である。ヒトがもし自然だったら、ヒトがつくる建物も道路も公園も自然である。だから都市はほんとうに都市であるかぎり、反自然ではない。いくらごちゃごちゃしても、高層ビルが林立しても、自分たちがヒトであることを確認できるのが都市である。もし、自動車やそれに見あうりっぱな道路や近代的なビルがヒトを押しのけて主役になってしまえば、都市は自滅する。そしてヒトが生物であるかぎり、自然に触れたいと思う気持も都市の中に存在しつづけるだろう。私や私の仲間たちが、都市の中に大きな自然公園をつくる努力をしたのは、もっとも自然でしかも都市的な行為であった」と。あえてヒトと記したのは、人間は生物の一種で然るべき、という意図からだった。

あの文章を書いた私は、渋谷という東京らしい町を歩いて、結局は都市（東京）＝わが町という感触を得てほっとしたのだった。都市とはヒトとヒトのつくったものが絡みあっている有機体であり、その内側に自然性を秘めている。だから野鳥公園のように目に見える自然も引きよせて同化することができるのだ、と。

この結論には今も納得できる。私が今回引っかかってしまったのは、技術の進歩につれて当時よりもはるかに改変された東京にも、これが当てはまるかどうか、疑っているからだ。

〝仮想現実〟の町

近ごろめっきり繁華な場所に足を運ばなくなった私だが、これまでマイナーだった地域、たとえば山手線駅の裏側が次々と再開発されたという噂は聞いている。数年前、そういう地域の走りだった恵比寿に行ったのは、老齢の母がセーターを買いたいというので、どうせならば最新の東京を見物させようと思ったからである。しかし行ってみて呆然としたのは、母より私だったかもしれない。第一印象は〝どこにもない町〟だった。実際に恵比寿にあるのだからこれは奇妙な表現だ。でも中央広場、有名レストラン、ショッピングモール、デパート、シネマセンター、美術館、ホテル、マンションまでそろったこの一画には恵比寿＝東京という土地の存在感がないのである。ガラスを多用し、きらめきに満ちてはいるが、ミニチュアのプラモデルのように他の場所に運んでしまっても、そこに収まってしまうだろう。その土地に生じた必然性がない、つまり根を下ろし、伸びてくる樹木の論理が欠けている。

結局、母はデパートで質実を誇りにしているイタリア製品を買い、私と食事をしたあと、嬉々として家に戻った。無駄足ではなかったわけだが、老いた母はまたたくまにどこで買ったのかは忘れた。あれほどキラキラしていてもあの町の記憶は、彼女の心にとどまらなかった。

こういう地域が東京に続々と出現しているという。太陽の光があまねく隅々にまで届くように、東京はリメイクされつつある。影の部分をなくせば治安はよくなるだろうし、企業も進出できて経済も活発化するだろう、か？　一介の小説家の身にはわかりにくい。それに〝わが町〟ではない東京には興味がわかず、冷淡になる。

品川駅の東側の開発も最近のニュースだった。用事で通りすぎただけだが、ごみごみしていた裏町は一掃され、豪華な陸橋で結ばれた三十階以上のビルが立ち並んでいた。折しも昼食時で大勢のビジネスマンやＯＬが行き交っていたが、ここで生活している顔は見当たらない。住んでいた人々は、皆どこに行ってしまったのだろう。摩天楼の根元には、小人の家のように古い雑居ビルが残っていて、ラーメン屋や牛丼屋の前にできている行列が妙になつかしく見えた。

再開発された東京はひとしく明るく清潔で〝裏〟がない。では機能性に徹しているかといえばそうでもなくて、奇抜な構造がモダンアートとしてわざわざ採用されている。ほとんど使われない空間や広場を誇張するのも特徴だ。その結果、人間がいくら集っても、印象は実に寒々している。生きていることを証明する体温や匂いを追いだしてしまう。かつて有機体であった東京が、なぜこういう無機的な方向に行きつつあるのだろう。

若者たちのうろんなたまり場であった、六本木界隈にも、六本木ヒルズという観光名所？ができた。私は未見であるが、用事でときどきそこを訪れる友人によると〝仮想現実〟みたいな町だという。それむきの職種の仕事場には向いているのかもしれない。観光客に混じって十代二十代の姿も目だつという。マスコミの情報を、至上のものと受けとる若者がふえているのだろう。

十八年が過ぎた現在、社会が激しく変質したことを直視しなければならなくなった。それまでも近代化はじわじわと人間の入る容器を変化させてはきたが、それ以後は容器の中にいる人間そのものに、ビームのように影響を与えているのではなかろうか。アリの巣はアリがつくるから自然である。でも何億年も前からアリはアリなのだ。ヒトがビームによってＳＦの世界でのように突然変異を起こすことはありうるのか？　それともヒトは他種よりもはるかに適応の幅を広げる素質をもった生物だからなのか？　私は後者のほうが合っているような気がするのだが。

人間に影響を与えているビームつまり新種の文明は、単独ではなく、複合されているだろうが、二〇〇四年の私が思い浮かべるのは「ケータイ」と「パソコン」だ。この二種の文明は発明されると、都市や地方の区別なく、あれよあれよとばかりの速さで男にも女にも、老いにも若きにも、自然の好きな人にもきらいな人にも関係なく普及した。私も持っている。「ケータイ」は緊急連絡用に、「パソコン」はやはり連絡や小百科代りに便利に使う。そのくせ仕事となると、６Ｂの鉛筆で原稿用紙にコツコツ書きつける昔ながらのスタイルだ。新種の文明は日常生活に無数の可能性をもたらしたが、選択する自由の力をまだ〝個〟がもっているあいだは、もっぱら楽しめる多彩さとして現れる。多様性が自然を豊かにするように、文明は人間の生活を豊かにしてきた一面がある。「ケータイ」は、これまでの文明機器の中でもっとも便利な道具である。形も色も進化して、ストラップに飾りをつけたりできるファッショングッズでもある。「ケータイ」をあまりよく言わない人は、「ケータイ」をかける者の傍若無人さに腹をたてているのだ。乗り物の隣席で聞きたくもない会話を聞かされたり、往来でケータイを耳にあてたままぶつかってこられたときの不愉快さ！　もともと他人への無関心は都市の特徴だったが、そこには自分という〝個〟への侵害を防ぐ自由さもあった。「ケータイ」の氾濫する街頭は、さながらバベルの塔である。ヒトの防衛本能としての〝群れる〟という機能は、何の意味も持たなくなった。

「パソコン」には何ともいえない魅力がある。はまってしまった人は、日中は仕事のために、夜間は私用に画面に向い、その結果不眠でぼーっとした人間がふえてくる。頭脳が活発に動かぬときは、素直に体制に従ったり、周囲の風潮に乗るほうが楽である。自分しかいない密室の中では本物の〝個〟は発揮できない。そのことすら意識しないほど〝個〟は薄れつつあるのかもしれない。

「パソコン」の過剰利用の別の影響は、私の友人が言った〝仮想現実〟の世界のほうが、本物の現実よりも身近に感じられてくることだ。フィクションが好き、というのは人間の特異なしかも共通の傾向である。好きが高じるとフィクションと現実の境が曖昧になる。実は子供のころの私がそうであった。本を読んでいると、いつしか物語の世界に溶けこんでしまい、親の言いつけも忘れはてて叱られた。「パソコン」のソフトは人間のそういう心理に沿って実に巧みに開発されている。つまり没我の世界に陥りやすいように。

今進んでいる新しい東京の姿は、パソコンの画面を私にほうふつとさせる。冷たくて無機的で、奇妙な美しさをたたえている。限られた空間の中で与えられる仕事の能率は上がるだろう。しかし〝わが町〟とはどうしても呼べない。〝わが町東京〟は〝個〟としてのヒトが有機的に連鎖してつくってきたのだ。〝個〟の力が弱められてバラバラに切り離されれば、全体の生命力も失われる。パソコン的東京に欠けているのは肉体である。ヒトの、そして都市としての。これは病に近い状況ではなかろうか。

かつての私は勢いよく「個の主張に伴うこの豊かな多様性こそ都市の本質」であり、「都市はほんとうに都市であるかぎり、反自然ではない」と書いたけれど、今でもそう言いきれるであろうか。二十一世紀に来てなお私のように感じる者は、旧人類の化石の見本にされてしまうかもしれない。空気も緑もない他の惑星への植民計画さえ、近未来の夢として熱狂的に受けいれられる時代なのだから。人間は、地球の生物ヒトから離脱したがっているようにみえる。自分がマイナーな一人になるのはやはり少し寂しい。

これからの東京が自然性を保ちつづけるかどうかについて、私は半信半疑でいる。でも希望は捨てていない。新種の文明に対する免疫力がいずれはヒトにつくのではないか、と思っている。「高層ビルが林立しても、自分たちがヒトであることを確認できる」ように、「ケータイ」にも「パソコン」にも、マスコミにも、それ以上のもっと大きな力にも操作されない〝個〟も取りもどすのではないか、と。理屈ではなく、私の直感ではあるけれど。

すっかり遠ざかっていた渋谷の町はどうなったか、ちょっと歩いてみた。駅やデパートは改装され、私鉄への通路にホテルやレストラン街を含む中規模のビルが新築されたが、あまり違和感は起らない。変化が生活の匂いを打ち消すほどのものではないからだ。ちょっとダサかった渋谷の特徴が残っているのである。外に出てもその雰囲気は続く。ビルに鼻つきあわせて路地があり、細かい店ばかりが密集する。昔のままの店は少ないだろうが、小汚くてエネルギッシュだ。坂をのぼっていっても、やはり十八年前と似たような街並みで、街路樹の成長が目についた。青少年のプチ家出や売春や麻薬の密売が問題化している地帯がある。ヒトの生臭い一面が突出しやすい町でもある。一方では熟年層向きに映画や音楽や絵画を提供している文化村も健在なのだ。どうやら渋谷はまだ〝わが町〟らしくとどまっているようだ。駅裏のシンボルだったプラネタリウムの丸屋根は消えてしまったが、ハチ公広場は待ち合わせの人々で混雑し、スマートな装いになった交番でお巡りさんは道案内に忙しい。いくら「ケータイ」が氾濫しても、渋谷が〝仮想現実〟の町になるとは想像しにくい。冷たい文明よりも温かい体温が感じられるからだ。こういう違いはどこからくるのだろう。

潜在する〝風土〟

〝町〟と呼びうる最大の単位が東京だとすると、最小の単位は私が日常生活を営んでいる地区である。少し前までこの町にはあちこちに空地があった。四季を通していちめんに雑草が茂り、かれんな花々が咲き、蝶や蜂やバッタやカマキリなどの虫たちを呼びよせた。夏の夕暮れには捕食者のコウモリがいずこからともなく空地の上を飛びまわり、雨が降るとヒキガエルがのそのそ歩きだした。渋谷に劣らぬにぎやかさだった。こんなささやかな土地なのに、自然の生態系は容易に復活する。その秘密は東京に潜在する〝風土〟の豊かさだ。

風土はそこに特有の自然の要素が織りあわされたその地域の属性である。だからしてそこに住む人間の気質に影響を及ぼさずにはいない。本文に詳しく書いたが、私の住んでいる町は山あり谷ありの地形で、昔は水田と酪農が主な生計だったらしい。住民気質はのんびりしていて、変化を好まない。何十年たっても八百屋や肉屋や小間物屋の主は同じ人物だし、途中で店を建て直しても以前と似たような構えにしかならなかった。ところが数年前からどどっと店じまいがほうぼうで始まった。主たちがそろって老齢化したからだ。店の後を継いでくれる殊勝な子孫はわずかである。その結果、商店街は櫛の歯がところどころ折れたような状態になり、逆に空地や跡地にはミニ住宅群やマンションが建った。前より人口はかなりふえたはずだが、町の雰囲気は依然としてのどかでひなびている。もう畑も空地もなくなっているのに、〝風土〟は根強く残っている。

〝風土〟はそこで暮らすヒトを含む土地の潜在的属性だから、なかなか追いだすことはできない。全く新しい開発をしようとする場合には、その地域の〝風土〟を絶滅させねばならない。風土性が稀薄な場所では文明の力で圧倒し、植民地のような町が誕生するだろう。〝どこにもない〟町とは〝どこにもありうる町〟の同義語である。渋谷が無意識に変質に抵抗しているのは、実は渋谷という〝風土〟ではないのだろうか。

東京を全体に眺めれば、きわめて多彩な風土に依存している町であることがわかる。東京都が平成十二年（二〇〇〇）に作成した『緑の東京計画』から抜粋すると「東京は、西は関東山地に始まり、数多くの尾根と谷が入り組んで連なる丘陵地、武蔵野台地を中心として中央に広がる台地とこれらに続く低地、臨海部そして島しょからなっています。また、山地から低地を貫くように多摩川が、低地には荒川や隅田川などが流れ、谷戸《やと》や崖線からは、湧水が細やかな川の流れを形づくっています。このような地形の上に多様な緑が育まれてきました」とある。

一言で表せば、「何でもあり」、が東京の地形の特徴なのだ。またそこには育まれた自然環境と人間との抜き差しならぬ関係が生ずるはずである。東京らしい文化は、東京の風土から自然の花のように咲きでるものだ。一方文明はどこにでも移植できるアートフラワーである。

風土は表層からは隠れてしまっても、潜在的に回復を狙っている。人間への影響も続いている。近所の空地でぼうぼうと茂っていた草の勢いからも、埋め立て後数年足らずでよみがえった東京湾の原風景——野鳥公園の発祥となった——からも、風土は機会さえあれば元に戻ろう戻ろう、とすることがわかる。

東京の気候は、ほどほどに温和で湿潤で、居住地としても農作物を育てるのにも向いている。私が中高時代に住んでいた家の近くには麦畑や野菜畑があり、こやしの臭いをかぎながら登校していた。江戸前の魚を提供する東京湾もあって、食には困らない風土ゆえに東京人の気質はさっぱりして寛容性に富んでいた。二次林、野原、水辺は多種類の野生生物を育み、都内にそれらの生物が身近にいることのほうが当たり前の町だった。身近な生物たちはホタルのように人を楽しませるものから、毛虫やハチのように好まれないものまで種々雑多であったが、別にだれも苦情を言わなかった。せいぜい刺されないように注意するぐらいだった。これらの生物にとっての直接の打撃は、都内のどこにでもあった小さい自然が宅地化・舗装化で失われたからであろう。私が近所でモグラを見たのは、昭和四十五年（一九七〇）ごろが最後だった。土の坂道が石段に変わったとき、階段の下で倒れていたのだ。

しかし驚くべきことに、超近代都市に変容した現代の東京に、野生生物たちは続々と戻りつつある。カルガモはオフィス街の人気者として定着したし、カワセミは都心の公園に現われ、コサギにいたっては私の家の小さな池から金魚を盗んでいった。トンボも秋の風物詩として復帰したし、わが家のように草ぼうぼうの庭にはバッタもカマキリも発生する。

極めつきは先日、入院していた母を見舞いに行き、病院の十八階の喫茶室でお茶を飲んでいるとき、窓の外を猛スピードで横切ったハヤブサの影だった。その辺りに多いドバトをえさにしているのだろう。都心の高層ビルは、タカの目から見れば、その昔営巣していた断崖に似た環境なのだ。猛禽類は野生の生態系の頂点に位置する自然度の指標である。

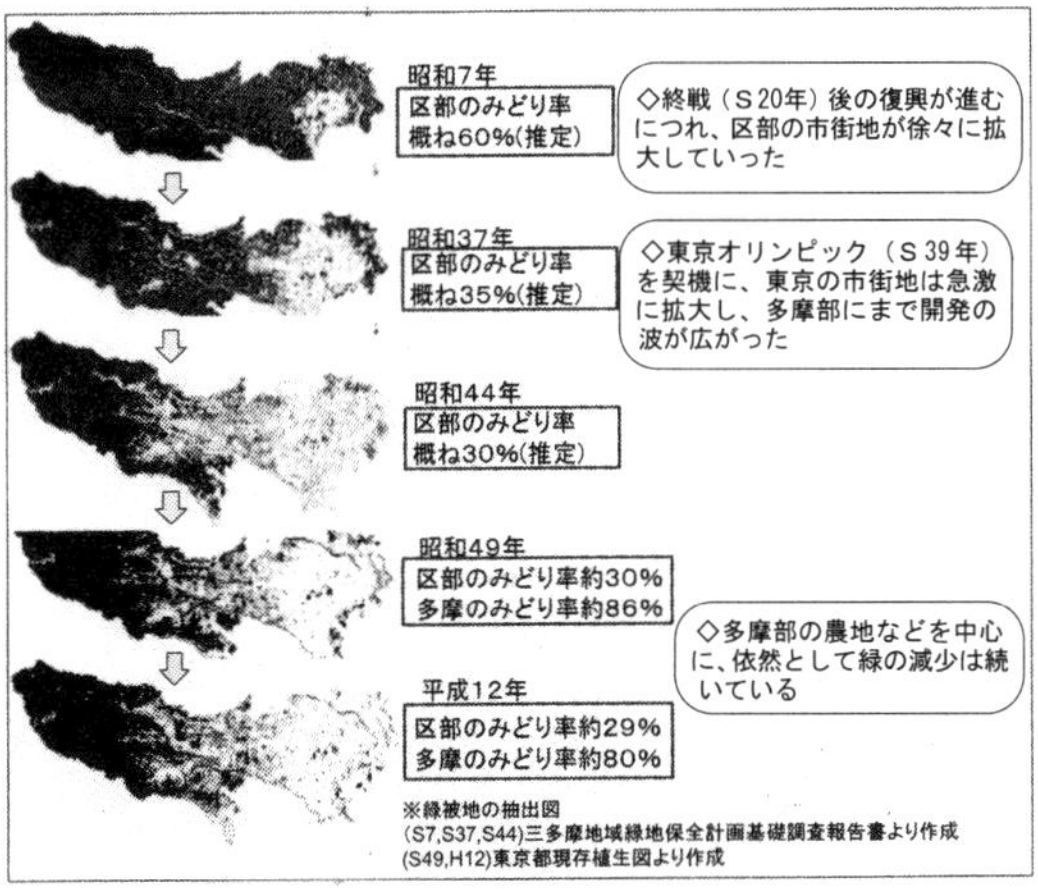

東京都におけるみどり率の推移

＊東京都ホームページより
＊「みどり率」は民有地を含めたすべてのみどりを視野に入れる中で、「緑被率」に河川等の水面や公園内の緑で覆われていない部分も加えた指標である。したがって自然の豊かさの完全な指標ではないと思われる。（加藤）

文明が都市生活をおおいつくしていても、自然はその間隙から侵入し、ときには文明そのものをもとの環境の代りに利用する。東京はそういう風土の町なのだ。つねにあるべき自然に戻ろうとし、いるべき野生生物を受けいれようとする。東京港野鳥公園は東京という風土があってこそ実現できた。多様であることこそ東京の風土の特徴だ。東京には、ヒトと他の生きものが共存する素地がある。歴史的にも文化的にも。これを充分理解せぬままに再開発が進められているので、あちこちに〝仮想現実〟的な町が出現した。そういう町には野生生物は不似合な存在にちがいない。

今後、東京らしい風土、つまり自然性が保たれるかどうかの鍵は、これから東京で生きる人々が握っているであろう。東京は緑の濃さでは、全国の都市に比べても上位に来ると思っている。東京の人は緑が好きなのだ。ところがその反面、自分の生活を不快にする〝自然〟にはとみに容赦がなくなったような気がする。落葉が降ると言って、隣家の木を切り倒させた話、公園に毛虫が発生したといって役所に薬剤散布を頼んだ話、カラスの大量捕殺……きりがないほど例がある。

自然界ではヒトも含めてすべての生物がつながりあっている。その理《ことわり》を認めるのが自然性というものだ。東京を〝わが町〟と感じるのも、自分と同じ町の空気を吸っている人々といやおうなくつながっているからである。自分に有利だから、快いからつながっているのではなく、つながりが先にあるのだ。ただしこのつながりは形にできるような類《たぐい》のものではない。そうあることを確かめることもできない。ただ感じるだけだから、むずかしい。

人間はなぜこんなに寂しがり屋なのだろう、と私はときどき不思議になる。目に見えないつながりだけでは満足できなくて、用事もないのに会って話をしたり、電話をかけたり、手紙を出しあったりする。形あるコミュニケーションが好きなのである。「ケータイ」や「パソコン」が普及した理由もわかるような気がする。ただしこの新種の文明は、前述したように人間の内側だけに強烈にアピールする。特に子供たちや若者たちに。東京が自然性を失うとしたら、限られた自然環境下で暮らすことよりも、こちらの影響によるのではないか、とさえ今、私は思う。これはゆゆしいことである。〃わが町東京〃をつくる次の世代にかかわることなのだから。

すでに発達した文明を〃過去〃に追いもどすわけにはいかない。できるとすれば免疫力をつけることだけだろう。のめりこんでいる仮想現実の世界の外に、ヒトを含むおびただしい生物の世界が同時に存在していることに気づくだけでもよい。

現在の野鳥公園にはそういう目に見えない役割も加わっているのだ。

私たちが野鳥公園の運動に励んでいた時代、事情はもっと明快だった。子供たちは自然の中で遊びたいのに、身近な自然はなくなっていた。生活圏の中に自然を取りもどすことが目標だったのだ。でもすでにテレビやパソコンゲームなど、夢中になれる別世界をもっている子供たちを、どうやって密室から野外に誘いだすのか。現代の子育ては至難の業にちがいない、と親たちが気の毒になる。それでもやはり連れていってほしい。どんな子供の中にも、何かのきっかけで目覚める自然性の芽が眠っている。そのきっかけは本書で詳述する野鳥公園であるかもしれない。

1 都市の神話

東京湾の原風景

「故《かれ》、二柱の神、天《あめ》の浮橋《うきはし》に立《た》たして、其《そ》の沼矛《ぬぼこ》を指し下《お》ろして畫《か》きたまへば、鹽許々袁々呂々邇《しほこをろこをろに》畫《か》き鳴《な》して引き上げたまふ時、其の矛の末《さき》より垂《しただ》り落つる鹽、累《かさ》なり積もりて島と成りき。」

（『日本古典文学大系　古事記祝詞』岩波書店）

（そこで二柱の神は、地上への通路である天の浮橋に立って、ほかの神々からもらった玉飾りのついた美しい矛を下ろしてかき回した。海水がコロコロと音をたてて鳴った。引きあげるとき、矛の先から塩がしたたり落ち、かさね積もって島ができた。）

『古事記』国生み伝説の有名な記述である。私は古典はきわめて苦手なのだけれど、雄壮かつ奇想天外なこのくだりは大好きだ。二柱の神、つまり伊邪那岐命（イザナギノミコト）と伊邪那美命（イザナミノミコト）は、その後たくさんの島をどんどん生んで日本列島をつくりあげる。そして二十世紀の末裔もまた、これによく似た国生みを行っている。ただし天の沼矛の代りにサンドポンプを使って……。

〈埋め立て〉である。

古代の神は不完全な国土を整えて完成させるという使命感に燃えて国を生み、子孫をふやし続けたが、昔も今も理想は達成しにくいものだ。善《よ》い神々と同じくらい災《わざわい》の神々も生まれてきて、天上天下はかなり混乱する。現代の国生み事情とたいして変わらない。

それにしても〈埋立地〉とは、何という詩情のこもらない言葉であろう。もう十年以上もそこによみがえった自然にとりつかれているのに、私はまだこの響きの悪い言葉に慣れることができないでいる。きっとこれは味もそっけもない産業技術用語として、戦後に邦訳されたものにちがいない、と思いこんでいた。ところが最近、わが国の埋め立ての歴史を調べているうちに、そうではないことがわかってきた。文政十二年（一八二九）に発刊された『御府内備考』という地誌に、すでに「埋め立つ」という記載がちゃんとあったのである。東京の埋立地の発祥は、江戸時代にさかのぼっていたのだ。ではいったい何の目的で行われたのだろう。興味のわいた私は、東京都港湾局から『東京港史』という分厚い上下二冊の本を借りてきた。東京湾の過去と現在を記したいくつかの本も集めてひもといた（『東京港史』東京都港湾局、菊地利夫『東京湾史』大日本図書、高橋在久『東京湾水土記』未来社）。

それらの書物によると、東京湾岸に人間が住みついたのは紀元前七〇〇〇年も前だそうだ。

そのころの東京湾の海面は、現在より十三メートルも高く、海の北端は群馬県まで入りこんでいた。

ここで、はっと気がついたことがあった。私が代表を務めている親子自然観察会で秩父《ちちぶ》に行ったときのことだ。荒川上流の河岸の岩から、海のカニや貝の化石を剥がしたのだった。サンゴの化石を見つけた子どももいて、皆でびっくりしたものだ。それはこのあたりが〈奥東京湾〉だったころの名残《なごり》であろう。しかもサンゴといえば、南の海の産物である。このころの地球は氷期が終って、間氷期に入っていたにちがいない。

その後も東京湾には海進や海退がくり返され、河川の堆積や干潟の形成、土地の隆起とあいまって、ほぼ現在の形に収まった。自然の力によるゆうゆうとした変化である。東京湾の変化に急に加速度がついたのは、ヒトというとりわけせっかちな生き物が、ほかの生き物から見れば常識はずれの活動を開始したせいである。

天正十八年（一五九〇）、徳川家康が関東の領主として、江戸に入城した。当時の江戸城の東方の低地はいたるところ潮入りのアシ原で、西南の台地にはカヤ（チガヤ・ススキの総称）の原が広がり、武蔵野に続いていたそうだ。茅場町などという地名は、その証《あかし》にちがいない。荒れはてた江戸城のそばには、カヤぶきの民家が一〇〇軒ぐらいあるだけだったと、ものの本に書いてある。当時の東京湾沿岸を、私は容易に空想することができる。浅瀬には何万羽という水鳥が群れていただろうし、湿地を白サギや、二十世紀の今滅びゆこうとしているトキが優雅に歩きまわっていたことだろう。猛禽《もうきん》のワシヤタカが空に力強い翼を張り、タヌキやキツネが獲物を求めて徘徊していたかもしれない。しかしこのような野生の王国も、江戸の発展につれてしだいに衰亡していっただろう。

『東京港史』による初めての大規模な埋め立ては慶長八年（一六〇三）に行なわれた。家康が征夷大将軍となり、江戸幕府を開いた年である。神田山などの台地を切りくずして、海面を埋め立て、日本橋川を中心に江戸湊の内港がととのえられた。江戸はこれ以来、城下町として政治と文化と交通の中心地となり、人口も目ざましくふえていく。埋め立てが、都市の発展と関わりあっている点では、現在も昔もあまり変わりがないと言えるだろう。

私が昭和四十二年から移り住んでいる大田区の海岸も、このころからかなりひんぱんに埋立工事が行われてきた。天明年間に羽田猟師町の名主鈴木弥五右衛門が、要島《かなめ》と呼ばれる湿地帯を干拓して鈴木新田をつくった。この付近は、明治大正昭和と少しずつ埋め立てられて羽田鈴木町と呼ばれていたが、昭和四十二年に羽田空港の一部に組み入れられてしまった。また幕末にアメリカやイギリスの船が日本近海に出没したので、幕府は海防のために大筒（大砲）の打場（練習場）として、嘉永五年（一八五二）、現在の大森東三丁目を埋め立てたという（『大田区こども質問ノート』昭和五十六年八月、大田区広報課）。

明治以降の東京湾の埋め立ては、主に隅田川などの河川の浚渫《しゅんせつ》の副産物だった。東京港の築港につれて河口に土砂がたまり、二、三千トン級の船が入れなくなった。航路の確保のために浚渫を行うと、今度は掘りあげた土砂の処分に困った。それならばこれを利用して埋立地をつくり、港湾施設用地を広げたり、民間企業に売ったらどうだろうか、ということになった。松下幸之助氏ばりのアイディアマンが、初期の東京市の中にいたのである。

大正十二年（一九二三）、関東大震災が発生した。陸上交通はまひし、救援物資は海上輸送に頼るほかはなかった。が、当時の東京港は貧弱で、十分要請にこたえることができなかったらしい。このときの教訓から、東京港にふたたび大修築工事が行われることになった。このときに芝浦、月島、豊洲、竹芝の背面が埋め立てられて、今日の東京港のふ頭の形ができたのだそうだ。

しかし東京湾の埋め立てが、開発利用のための新しい土地の造成、つまり〈現代の国生み〉を目的として行われるようになったのは、戦後の高度経済成長期以来のことであった。昭和三十年代半ば、私の個人史でいえば、大学を卒業し、公務員として働いていたころにあたる。ちなみに当時女子学生の就職は、企業ではほとんど受けいれられることがなかった。

神々の国生み

ここでもう一度、神話の国生みの話に戻ろうと思う。『古事記』をあらためて読みながら、私は女性の本質についての面白い記述を発見したし、十年以上も大井埋立地の自然保護運動に関わってきて、〈自然〉と〈女性〉との結びつきをつくづくと実感したからである。

イザナギ・イザナミの現われる前、「天地《あめつち》初めて發《ひら》けし時」にまず天上界の高天《たかま》の原に現われたのは、天之御中主神（アメノミナカヌシノカミ）ら三柱の「独神《ひとりがみ》」であった。しかしこれら独身の神々は、現世の姿をとれないらしく「身を隠したまひき」とある。そのころ天の下では「国稚《わか》く浮きし脂《あぶら》の如くして、くらげなすただよへる時……」という状態であった。国土はまだ形なしていなかったのである。続いてアシの芽のように吹き出したものによって四柱の独神が現われたあと、やっと男女の神四組が登場する。その次にいよいよ国生みの担い手であるイザナギ・イザナミが出現するのだが、彼ら二神が以前の神々とどういう相違があったのか、古事記では触れていない。私のかってな空想では、これらは神々の進化の系譜である。どうしても一人の力では国（子）を生むことができないから、男女の協同作業になった。たぶんイザナギ・イザナミは健全な大地を生む目的で現われた様々の神の試作品のはての、理想のカップルだったのであろう。では彼と彼女は、どういうカップルであったか……。

最初にオノコロ島をつくった両命は、この島に降って、新婚用の屋敷を建てた。二人は相談をして、イザナミの「成り成りて成り合わざるところ」をイザナギの「成り成りて成りあまれるところ」で刺しふさいで国土を生もう、と結論する。その次の場面が愉快なのだ。

イザナギ命は、「それでは私とあなたとで、この天の御柱をまわって出会い、男女のちぎりを結ぼう」と言った。イザナミは右まわり、イザナギは左まわりして、約束どおり出会ったとき、イザナミはすかさず先に「ああ、何てすてきな男でしょう」とほめ、そのあとであわててイザナギが「ああ、何てすてきな女だろう」とほめたのである。陽気で率直な原始の女性像が目に見えるようではないか。でもイザナギは先を越されてくやしかったのか、「女が先にそんなことをいうのはよくないよ」と文句を言った。その上、天の神々にまで「女先に言へるによりて良からず」と叱られて、二人はもう一度、ほめる順序を逆にしてやり直す。女はひかえめでつつましやか、という今に到るまで何かにつけて評価されがちの文化のパターンが、ここでつくられてしまったようで、とても残念だ。しかし古事記が文字化された和銅四年（七一一）ごろは、絶対的権威をもつ皇室を中心とする貴族が支配者層となり、一般民の服従が重んじられた律令の時代だった。これも私のかってな想像だが、社会の秩序を保つために、こういう風潮が性の関係の記述の中に、意識的にとりいれられたのではないだろうか。ただしいくら抑えつけようとしても、イザナミの情念の激しさはけっして消えることはない。この先に続く有名な黄泉《よみ》の国の伝説を読むと、それがよくわかる。

二十世紀の女である私が自然保護運動に飛びこんでしまったのも、考えてみれば情念のしわざである。理論はあとからふうふう言いながら追いかけてきたのだった。このあたりは男が中心の運動とは、かなりちがっているような気がする。情念はときとして、鳥のように不可能の壁を超えるものだから……。

埋立地は〈現代の国生み〉

古事記の国生みは、このように人間くさいもつれの中で手造りで行われたが、〈現代の国生み〉にはどういう特徴があるであろうか。一口で言えば、非情な科学技術の成果である。ここには情念などのはいりこむすき間はどこにもない。埋立工事の方法は、おもに海底をえぐり取って、泥や砂を海水ごとポンプ船で埋立地に送りこむのがふつうである。サンドポンプ方式は、埋め立てがゴミ処理や浚渫などの二次的な目的から、臨海部に工業地帯を造るという直接の目的に変わったときに編みだされた技術とも言えるだろう。もちろんほかに、山間部の開発で不用になった土砂も使われたが、これには限度があった。一般にポンプ船の標準能力は、浚渫深度が十五〜二十五メートル、一時間に三〇〇〜五四〇立方メートルの土砂を二〜三キロメートル離れた埋立地に送ることができるという。十トン積みのダンプ・カーで一台ずつ運んで埋めるのとでは、規模も速度も大ちがいだろう。しかしこの方法は、東京湾に生息する生き物たちには致命的であった。

東京湾は、三浦半島の観音崎と房総半島の富津崎を結ぶ線から、内側を内湾（狭義の東京湾）、外側の浦賀水道を外湾と呼んで区分されている。内湾の沿岸には、砂と泥の干潟が幅広く発達していた。干潟は干潮のときは水面に現われるが、満潮のときには水面下にかくれてしまう。西側には多摩川河口にあるだけだが、東側にはよく発達し、とりわけ葛西沖には、三枚州と呼ばれる広大な干潟があった。干潟には、すばらしい海水浄化能力があることがよく知られているが、同時にハゼなどの魚類、貝やカニの仲間、ゴカイなどの底生生物のすみかでもある。それらの生き物をえさにするシギ、チドリなどの渡り鳥や、サギ、カモメ、カモ類の休息地にもなっている。東京湾の生き物の多くは、干潟によって支えられていたといってもいいくらいだ。

私が小学生や中学生だったときには、春の遠足は潮干狩にきまっていた。千葉の稲毛海岸は、干潟の上をくたびれるほど歩いても水には届かないほどだった。熊手で砂を掘ると、あとからあとから太ったアサリやハマグリが採れた。薄茶のシオフキがしゅうと水を吹きながら出てくると、バカ貝などと軽べつして投げすてたりした。ところどころに深いくぼみがあるので、夢中になりすぎると落ちこんでびしょぬれになる。欲に目がくらんで、時のたつのを忘れていることもある。遠くで鳴るホイッスルの音にびっくりして顔をあげると、足もとに潮がぶくぶく押しよせていて、あわてふためいて逃げだしたりする。獲物はどの子も網袋にぎっしりつめこめるくらいあった。もちろん、今のように業者がまいた貝ではなく、東京の海辺育ちの本物の貝である。帰りの房総電車の中は、海の匂いでいっぱいになった。

神奈川県の金沢八景も、東京に近い、遠浅の美しい海だった。泳いでいると、小魚がピピッと電光のように走り去る姿や、砂底に描かれたさざ波の図形まで見えた。ときどきハマグリが砂から半分顔を出してうかがっている。潜水のできない私は、立泳ぎしながら足の指をのばして掻いとるのである。これらの思い出も、今は海とともに色とりどりの屋根の下に埋まっている。

また信じがたいことだが、東京湾ののり養殖は、昭和三十年ごろまで全国一の生産高をほこっていた。当時ののり生産は約二十億枚で、東京湾はその四十五%を占めていたのだ。私の家からバスで十五分の大森という町には、ブティックやデパートにはさまれて、今でものり屋さんや水産物を扱う店がぽつぽつあって、そこはかとなく海辺の町の雰囲気を残している。実際の海岸線は、埋め立てによって何キロも遠くに押しだされてしまっているのだが……。

こういう海岸や附近の海域は、昭和三十年代後半に入るとあっというまにその豊かな生物相ごと、ぜんぶ消えていった。昭和三十九年、日本の経済の復興を告げるように青空に鳴りひびいた東京オリンピックのファンファーレは、野生の生き物たちの耳には葬送行進曲に聞こえたはずである。サンドポンプを使う埋立工事に最適の場所は、遠浅で砂の多い海岸であるといわれる。生き物が暮らしやすく、ヒトが海の恵みを受けて楽しんでいた海辺は、埋立地の条件にぴったりであった。どちらがいいか、などと国も自治体も考えこんだりはしない。何しろ高度経済成長のレールの上をひた走りしていたのだ。急に止まったりしたら脱線してしまうだろう。東京湾の自然を破壊したのは埋め立てであった。古事記の神々の国生みと人間による現代の国生みが、大きく異なるのはこの点である。埋立地は無数の小さい生命や野鳥の生息地の消滅と、海を奪われた漁業者や子どもたちの悲しみの上に築かれている。放置された埋立地に自然がよみがえり、皆の努力で野鳥公園ができたにしても、過去の事実を変えることはできない。

この徴候はすでに戦前から現われていた。太平洋戦争の始まる直前に、政府は重化学工業や軍需工業をさかんにするために、全国に臨海工業地帯の計画をたてた。戦争という大義名分の前では、生き物たちの嘆きはもちろん沿岸漁民の反対も、とるに足らないものだった。それでもこのころはまだ、漁業などの第一次産業から工業への動きはゆっくりと進んでいた。東京湾に急激な大変化が起こったのは、昭和三十年から始まった神武景気以後のことである。

昭和三十六年、私は公務員から財団法人日本自然保護協会に転職した。理事長はこの協会の創設者である田村剛林学博士、常務理事は、厚生省を退官された石神甲子郎氏、そして私が三人目の正式職員だった。当時では全国最初の、そして唯一の自然保護のセンターであった。自然保護（Nature Conservation）という用語は耳新しかったが、子どものころから自然に親しんできた私にはぴったりの職場のように思えた。厚生省の片隅を間借りした格好の事務所で、私は機関紙を編集したり、会議の準備をしたり、お茶くみをしたりしていた。野外に出る仕事はあまりなかったが、武田久吉・下泉重吉先生をはじめ大勢の生物学者や登山家や画家がしじゅう出入りをして、小さな薄暗い部屋は活気にあふれていた。やがて事務所が独立すると、そのときは横浜国立大学の助手だった宮脇昭氏が研究員として通ってこられ、ヨーロッパ仕込みの植生理論を展開されたりした。長女出産のため、二年間で退職したけれども、この職場は私と自然保護を結びつけた大切な原点である。

昭和三十年代なか頃に、日本の自然をうれえる人々が出てきたということは、それだけ自然の状況が悪化してきたという印だろう。けれどそういう先見の明のあった人々の目も、まだ限られた場所にだけ向けられていたのだ。たとえば、学問的に価値のある動植物とその分布地域、めずらしい景観や美しい風景。それらは私たちの身近な環境、生活の場からは、かなり遠い地方に片よっていた。自然保護の仕事にたずさわっていた私でさえも、それで十分だと思っていた。自然は一種のぜいたく品という考え方が、頭のどこかにあったことは否めない。

昭和三十七年、東京の人口は一千万人を越えて世界最大の都市になった。暮らしは上向きになり、家庭の中にも電化製品をはじめとする〈物〉が洪水のように侵入してきた。それを押しとどめる心を、敗戦後の貧乏生活はつちかっていなかった。昭和四十年、ＧＮＰ（国民総生産）第二位。共稼ぎをやめたので、つつましいはずのわが家にも、テレビと電気洗濯機は必需品のようにでんと鎮座していた。

私が高校生のころは、どちらかが家にあるというだけで特別階級のように思われた製品である。テレビの前に座って、私はベトナムや沖縄や三里塚を見ていた。ベビーベッドの中で赤ん坊がすやすやと眠り、悪戯《いたずら》っ子の長女が障子紙をぜんぶ引き裂いていた。六年前、私自身がデモの群集に混じっていたことが夢のように、日常が流れていった。便利な〈物〉が育児用品を中心にまわりにどんどんふえていった。オモチャ、食器、衣服、使いすておむつ、はてはベビーフードまで。そのほとんどが石油製品だった。私はかすかな不安を感じた。自分が買わなくてもだれかがくれるので、〈物〉はたまる一方だった。進行しつつあった自然破壊については、ほとんど考えなかった。長いあいだ自分の友としてきた野の生き物たちよりも、生活や子どものことで頭がいっぱいになっていた。

〈物〉をつくる所は工場である。〈物〉の需要が大きいほど、大面積の工場用地が必要になってくる。〈物〉と需要はニワトリと卵の関係にあるが、目の前においしそうな果実がなっていたら、つい手も出てしまうだろう。企業は地価の安い所を探す。過疎の村を買い占めたり、山を崩したりするのも一つの方法だが、工場の立地としてはいろいろ不便なこともある。臨海部なら廃液もすぐに海に流しだせるし、有害な煙なども人目につく機会は少ない。自治体は海岸を埋めたてて企業に売った。現代の国生みの目的は〈お金〉になった。でもあの時代に、そういうことに文句を言った人は数えるほどだった。だれもかれもビンボーがいやになっていたのだ。そしてもう一つ、自然を失うことがどんなに大変なことか、その本当の意味に気づいていなかったのだ。

こうして東京湾の埋立地の造成面積は、昭和三十六年以降、飛躍的にふえた。東京では二四四〇へクタール、戦前の分まで含めると三九〇〇ヘクタールの新しい〈国〉が誕生した。千葉県や神奈川県ではコンビナートができて、毎日もくもくと煙をふきあげている。東京の場合は、ほかの県とだいぶ事情がちがっていた。大工場を建てる計画はなかった。むしろ首都として人口と産業が集中した結果おこってきた、様々の都市問題を解決するために用いられた。くわしくは別の章で書くことにするが、たとえば、ふ頭などの港湾施設、湾岸道路などの交通網、中小工場団地や卸売市場などの都市再開発が考えられていた。それに埋立地が造成された直後に、経済成長ののびが鈍くなってきたせいもあって、開発自体もきわめてのんびりした速度で進行した。昭和五十年、私と自然観察会の仲間たちが、地元の大田区の大井埋立地によみがえった自然に出会って、保護運動に乗りだすゆとりを持てたくらいに……。

ああ、大田区には海がある

私が家族とともに大田区の上池台という町に引っ越してきたのは昭和四十二年だった。起伏に富み、住宅地にしては緑の多いまずまずの環境の中で、二人の娘は育っていった。大田区が海辺の町なんだなと最初に気がついたのは、東京をめずらしく台風が通過した翌日だった。テレビの映りがひどく悪いので近所の電気屋さんを呼んだ。

「アンテナに塩がついちゃったんですよ。このあたりはほとんどやられました」

アンテナを掃除して、電気屋さんは忙しそうに帰っていった。そのとき、ああ大田区には海がある、と思った。前に長く住んでいた世田谷区ではこういうことは起こらなかったのだ。

「東京大地震がきたら、ツナミがここまで来るのかな？」と幼稚園に通っていた娘が心配そうにたずねた。

そんなことはぜったいにないわ、と私は保証したけれど、ちょっと不安を感じた。今度のは、自分の住んでいる土地のことを全然知らないという不安だった。いつか行ってみよう、と私は決心した。自分の足の下の地面が、海と続くところまで。その機会を得るまでには、さらに数年かかったわけだ。

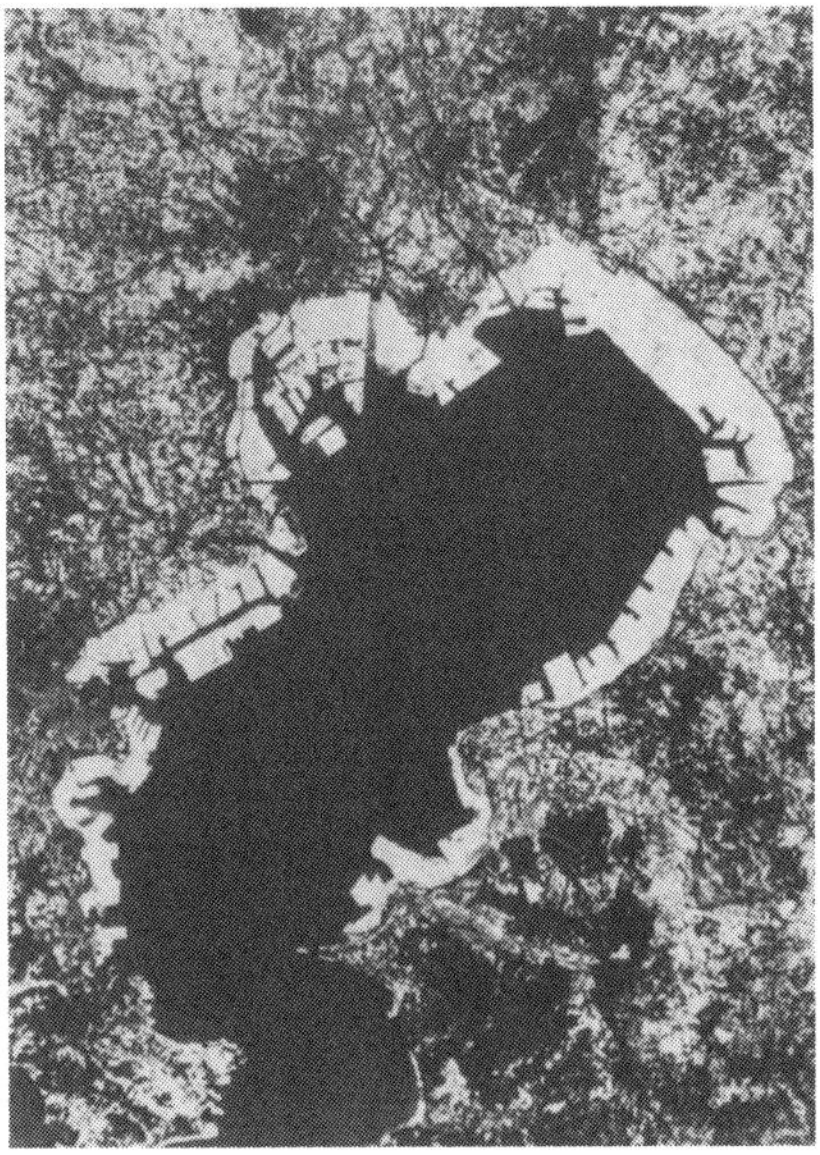

東京湾の現況

ランドサット４号が撮った東京湾の写真と明治のころの地図を重ねると、海から巨大な平野が白く浮かび上がる（東京新聞提供）

ここで、私がまだ大田区の住民ではなかったころの、大田区の海の歴史をふりかえってみよう。それはまた東京の沿岸部のどこにも、ほぼあてはまる経過だと思うからである。

昭和三十八年、春ののり採りを最後に、大森の海からべか舟が姿を消してしまった。前年の十二月に東京都漁業組合連合会十六組合が、いっせいに漁業権を放棄したからだ。企業の沿岸進出と埋め立てに反対をしつづけていた漁民たちも、とうとう自分たちの海に見切りをつけたのである。それ以前から、合成洗剤と工場の排水のために、海は汚れきっていた。ひところ盛んだったのりと貝の養殖が、いつまで続けられるかという不安もあった。漁業補償額は、三一二〇億円といわれる。しかし埋立地は、これを上まわる利益をもたらすはずだった。

べか舟は薄い板でつくった軽い小舟である。のり篊《ひび》のあいだをこぎまわって、のりを採取したあとで、専用の堀割を通って内陸に運びこむ。山本周五郎の『青べか物語』は私の好きな作品だが、小説の舞台は千葉の浦安である。ところが先日、大森の海岸近くの町中を歩いていて、胸が締めつけられるような情景に出会った。溝の臭いのする細い水路に、フジツボに真っ白におおわれたべか舟が沈みかけていた。朽ちかけた舟端に、一羽のハクセキレイがとまってさえずっていた。『二十年後の青べか』。そんな小説の題だけが、ふいに頭に浮かんできた。海には千葉も東京も神奈川もない。ヒトが自然ととけあった生活をしていたころには、そこにくり広げられる風物詩はどこでも似たようなものであったろう。べか舟、のり篊《ひび》、野鳥たち、アシ原、これらは東京湾の原風景そのものであった。

江戸前の漁業の幕がおりて、埋立地の時代がやってきた。昭和四十二年、一・二平方キロメートルの平和島竣工。流通センター、トラックターミナルのほか娯楽施設の平和島温泉ができた。〇・六一平方キロメートルの昭和島も同時竣工。市街地から移転した工場で、鉄工団地がつくられた。ずっと遅れて昭和五十三年に完成した京浜島は一・〇三平方キロメートル。鉄工、板金、プレスなどの公害工場が、やはり区内から移転してきている。

現在、東京一の野鳥生息地になっている大井ふ頭その一（六・七九平方キロメートル）、その二（一・一三平方キロメートル）は大田区内で最大の埋立地である。昭和四十二、三年ごろにはほぼ完成したのだが、東京都の方針で保留地としてずっと放置されていた。野鳥にとっても、私たちにとっても、これは本当に幸運だったとしか言いようがない。数年間、人間が放っておいてくれたおかげで、自然はのびのびとその回復力を発揮してみせたのであるから。

私の野鳥観察の先輩であり、友人でもある画家の堀越保二さんは、大森で生まれ、少年時代を大森の海と戯れて過ごした人である。彼は昭和四十一年ごろの大井埋立地の風景を、次のように回想している。

「……かつての海であった所は、すっかり砂を盛られた、広大な砂漠状の土地に変わっていた。すでに首都高速羽田線が開通し、歩道橋を渡るとまっ白になった貝の死骸が、なだらかな波状にどこ迄も続いていた。所々にできた雨水による水溜りは、砂漠のオアシスのように、そのまわりに少数の枯れた芦や早くも萌え出た草の小さな赤い芽吹きが見られ、今迄見たことのない不思議な光景が広がっていた。……」（『大井埋立地の自然』より）

堀越さんの見た不思議な光景こそ、人間が生んだ〈国〉に生じた最初の生命の徴《しるし》であった。私も千葉の新浜で造成したばかりの埋立地を歩いたことがある。埋め立てられたばかりの土地は、凝血したようにどす黒く、無数のひび割れにおおわれている。サンドポンプで噴きあげられた海底の土砂は、はじめは塩分を白く析出し、貝殻や干からびたカニの甲らの混じる死の大地を形成する。乾きはじめるとからからになり、雨が降るといちめんの泥濘《でいねい》になる。こういう所に侵入する先兵は、貨物船などから上陸した帰化植物が圧倒的に多い。堀越さんはこの荒《あら》びた土地によみがえりつつあった自然の営みに魅かれて、大井埋立地にしばしば足を運ぶようになった。

「……確か五月に入った頃、上空をけたたましい声をあげながら飛びまわるコアジサシに出会った。……又、擬傷《ぎしょう》を行なうシロチドリに出会い、すぐ近くでじっとうずくまる小さな毛の球のようなヒナを見つけた。……」

ヒトがヒトのためにつくった新しい〈国〉の住民となった最初の生き物は、ヒトではなくて、鳥たちであった。そして私はそこからわずか三、四〇分しか離れていない町の一角で、まだ聞きわけのない娘たちのためにきりきり舞いをしていた。

身近な生き物はいつごろからいなくなったか

昭和三十五年六月二十三日、日米新安保条約が発効した。私もその一員であった国会デモ行動のあとで、岸内閣が総辞職し、「国民所得倍増計画」を綱領に掲げた池田内閣が誕生してしまったのだ。高度経済成長政策がスタートしたのである。巨大開発がなだれのように、全国各地の自然を呑みつくした。石油コンビナートによる海岸線の破壊、埋め立て工事、電源開発による山や谷や河川湖沼の破壊、水俣病、イタイイタイ病、林野庁の生産力増強計画、農林省の干拓事業、そして山岳観光道路が蔵王や八幡平や富士山を切り裂いていく(『自然保護のあゆみ』日本自然保護協会三十年史編集委員会)。しかし当時の私が、ほかの先見の明ある人々とともに、「開発よ、とまれ！」と抗議をしたかというと、残念だがそうではなかったのだ。前章でのべたとおり、私は〈物〉に囲まれて、日に日に生き物らしく活発になる子どもと、毎日遊んでいた。その日常の風景の中で、私の胸を痛ませたのは、巨大な開発の爪でかきむしられている遠くの自然よりも、住んでいる町の中から消えていく小さな自然と生き物の運命だった。

「東京の自然史研究会」(品田穣代表)は、東京の身近な生き物がいつごろいなくなったかについて、約四千名にアンケート調査を行い(昭和四十五年)、生き物の種類別に退行前線図をつくった。この図を見ると、世田谷の実家から遠くない杉並区の下高井戸付近で、ホタルは昭和二十五年(一九五〇)から三十年にかけて、トンボは三十年から三十五年にかけて、トノサマバッタは四十年以降姿を消していて、私の自然喪失感とだいたい一致している。

品田氏はこの理由を、従来経験しなかった環境の変化、つまり都市化であると考えた。都市化の先端が到達すると、まずホタルがいっせいに消え、少し遅れてトンボなどの水中の生物、バッタなどの草原の生物がつづいて消える。都市化とは具体的には山林や農地の宅地化であるが、住宅が低地にまで広が

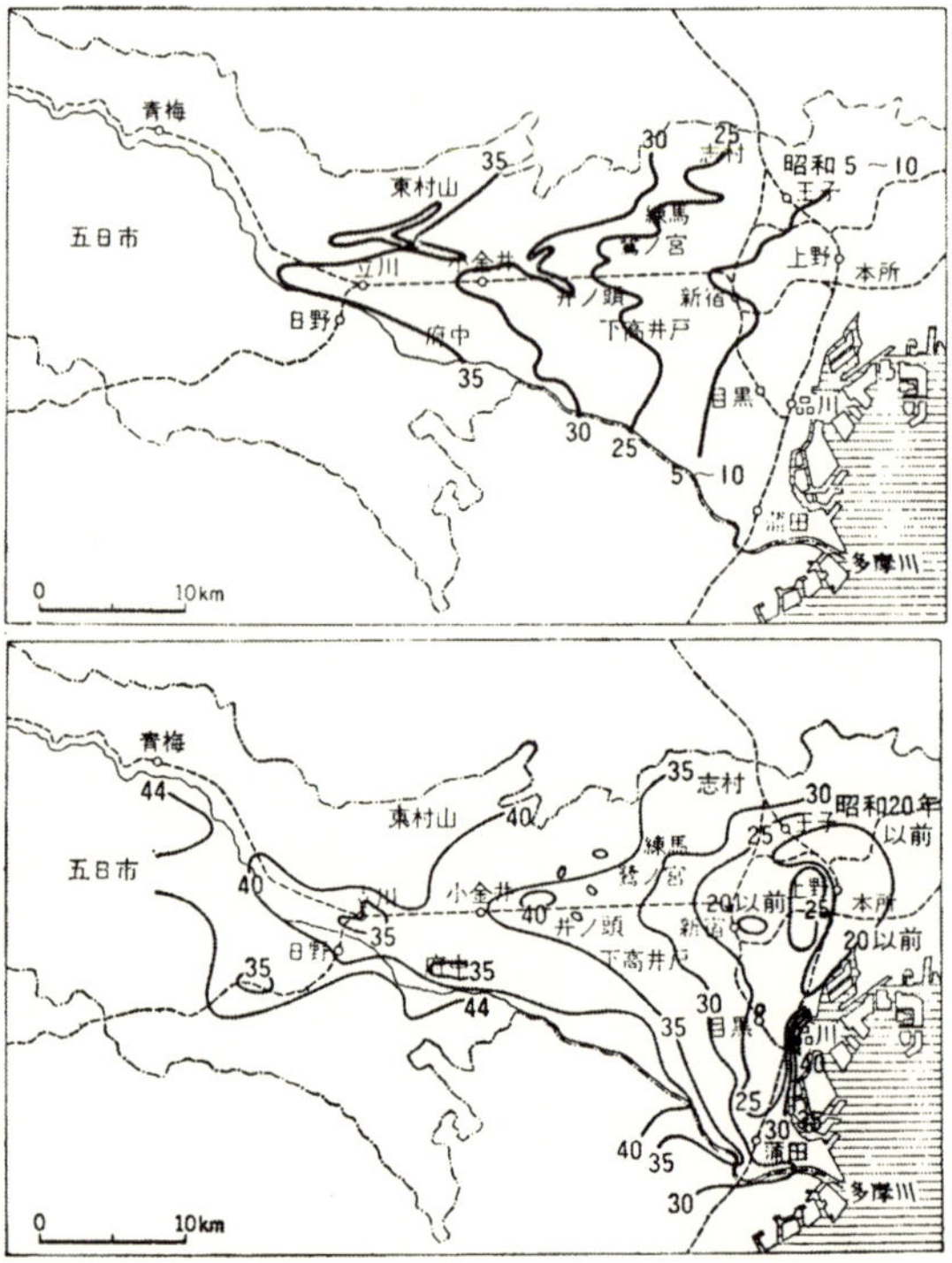

上、ホタルの退行前線図　　下、トンボの退行前線図

品田穣『都市の自然史』より

ると河川改修が必要になり、さらに原っぱもつぶされていくからだ。そして自然の条件としては、緑地率が五十％以下になると、急激に生き物が見られなくなることもわかった（品田穣『都市の自然史』）。

私の娘たちと同世代の子どもたちは、まさにまわりの野の生き物たちの死を身代りにして、生を受けてきたようなものである。

2　わが町の自然誌

町にぬくもりを感じる時

大田区上池台は、坂の多い町だった。新しい家は丘の中腹にあり、見おろすとしにせの植木屋さんの樹木園が、バス通りの両側に森のように広がっていた。〈チョットコイ、チョットコイ〉というコジュケイの叫びが聞こえてくるのには驚いた。実際にひなを従えて、植木林の中を大急ぎで駆けぬけていく、ずんぐりした成鳥の姿を見かけたこともある。けれども最近は姿はもちろん、鳴き声も聞かれなくなった。引っ越して数年後、せっかくの林が半分に縮小されてしまったのだ。先代が亡くなって、相続税を払うための手段だという噂であった。私の家から見おろす部分は裸地に変わり、駐車場と外食産業のドライブインが建てられた。このような町の農地などの宅地並課税は、昭和四十九年生産緑地法が成立するまで、都市の緑の盲点であった。

隣家のおばあちゃんは、この土地の通でいろいろなことを私に教えてくださった。

「あたしが子どものころは、このあたりは山でしたよ。今、G出版社のビルが建っている谷間には田んぼがあったわ。向うの山には牧場があってね、牛を見にいったものよ」とか、「もっと昔はね、九十九谷と呼ばれていたのよ。ほんとうは江戸のお殿さんはお城をここに築きたかったんですって。でもこのあたりに住んでいた村の人は、お城なんか建てられたら暮らしに困ると思って、百に一つ足りない九十九谷では殿さまのご威光にさしさわりますって申しあげて、取りやめになったそうよ」

私はこの話がとても気に入った。農民たちが頭を働かせなかったら、今の皇居は千代田区ではなく上池台に存在していたかもしれないのである。そういえば、都区内にはめずらしく緑が濃い静かな住宅街だが、山の手の田園調布とは雰囲気が一味ちがう。錯覚とは思うが、吹く風の中に牧場やこやしの匂いがまだこもっているような気がする。実際に引っ越ししたてのころには、下の商店街におりていく途中に野菜畑があって、キャベツや大根やナスやトウモロコシが見本園みたいににぎやかに育っていた。野菜畑を耕していたのは、日焼けした顔のみるからにお百姓という感じのおじいさんだった。畑の隣りには小さな児童遊園があった。私が買物をしているあいだ、娘たちはブランコやすべり台に乗って待っていた。彼女たちが大根の身のほうは地面の下にあって地上には青々と葉が茂ること、モンシロチョウがピカピカの卵を一粒ずつキャベツの葉の裏に産みつけていくことなどを覚えたのは、この畑のおかげである。

しかし土地が古い面影をとどめているということは、そこに住む人々の生活感情が新しいものを求めるよりは現状維持を好む、つまり保守性が強いということである。その後十七年間、私は家族とともにこの町に住みつづけているのだが、あまり伝統にこだわらない北海道生れ大陸育ちの私がいらいらすることは山ほどもあった。とりわけ娘たちが小学校に入学して、いやおうなくＰＴＡ活動などにかかわりあったとき、ここを根城に育った人々と私のようによそから移り住んだ者とのあいだに、一事が万事、意識のくいちがいが出て苦労したものである。

こういう地域に真の意味での市民運動は成立しにくい、というのは予想がつく。現に地元の問題（たとえば町を流れる溝《どぶ》川の治水対策）で署名が回ってきても、たいていその音頭をとっているのは地元選出の区会議員である。したがって要望の内容は、あくまでも地元の人々の直接の利益になることを扱っている。つまり生活上の目に見える部分、個人の成果として帰せられる問題に限定されてくる。少しでも不利益が生じるようなことだと、人気に差しつかえるからだ。〈自然〉などのように、何となく抽象的で、一歩まちがえば生活環境を不快にさせかねない対象には近づかない常識家が大多数である。だから後の章で述べるように、この古臭い土壌で十年以上にわたって自然保護の活動を続けることができたのは、私たちが地元商店で日常の買物をすまし、地元の美容院に行き、地元の小中学校に子どもを通わせている〈ふつうの人々〉だったからだろう。自然保護をうんぬんする以前から、私はこの町の八百屋さんや肉屋さんとは顔なじみのお得意さんであった。

彼らは、私程度の顔見知りにも驚くほど親切に対応してくれる。都心の繁華街や文化的な町やスーパーマーケットでは、ぜったいに手に入れられなくなった売り手と買い手の強いつながりが残っているのだ。私が文学の賞をもらって一時どうしようもなく忙しかったとき、行きつけの肉屋さんは「肉だけではなくて、ほかのものも注文していいですよ」と言ってくれた。私がその言葉に甘えて「じゃあ、食パンとポテトチップ」などと言い、さらに「生ま鮭四切れも……」と頼むと、店の若い衆はちゃんと商店街の菓子屋と魚屋に立ち寄って買ってきてくれるのである。また商店街ただ一軒の金物屋さんに立ち寄れば、芯棒が折れたためヒモでぐるぐる巻きにした私のショッピングカーを見て気の毒がり、インスタントハンダと針金で修理してくれたのは、フルートもふくこの店の店主であった。こういう行為は、銀行でくれるサービスのティッシュペーパーとは根本的にちがう。客寄せを意識してのことではないだろう。これはいわばわが町の商店街が、こぞってヒマだから成りたつことである。もし激烈な販売合戦をくり広げている商店街だったら、こんな効率の悪いサービスは行わないだろう。こうなると、ある面ではたえがたくいやな町の保守性や前近代性が貴重なぬくもりのように感じられてくるからふしぎだ。もしかしたら、と私はここではっとする。最近のように生活が文明化された日本人にとって、この感覚は一種の郷愁として受けとめられるのではないか。いやな世の中とぶつくさ言いながら、多くの人々が保守の殻にしがみついてしまう精神的理由の一つになっているのではないか。私たちが過去十五年、自然保護運動の根拠地にしてきたのは、こういう町であった。

私が苦手の家事育児に汗を流しているまに、自然破壊のあらしは全国を駆けめぐっていた。昭和三十九年四月。富士スバルライン開通に続いて、蔵王で石鎚で日光で白山で霧ヶ峰で南アルプスで鈴鹿で蒜山大山で、大規模観光道路やスーパー林道が着工された。林野庁は皆伐で原生林をなで切りにしていた。私の住む東京をはじめとする都会は灰色のコンクリート漬けになり、吸いこむ空気は車や工場の排気ガスでいがらっぽかった。これらに対抗して新しい動き――自然保護を掲げた市民運動が活発化していた。四十五年五月十七日に清水谷公園から、霞が関官庁街に向った自然保護デモを私はテレビで見て興奮した記憶がある。とうとう自然保護の意識が世の中を変えるほど、強力になりえたかと思って……。それなのにもう一歩、こういう問題が生身に迫ってこなかったのは、たぶんにまだ安心感が心の底にはりついていたからだろう。私の知っている大自然はそれほどもろくはないぞ、今に何かの形で人の業《わざ》を押し返すぞ、それに人間も他の生物の存在を抹殺するほど残酷ではないはずだ。

しかし国中あげての経済成長信仰が、そう容易に消えさるはずはなかった。それは自然破壊の果てに、人間破壊の例として具現したミナマタのすさまじい姿にも、本質的に影響されることはなかった。

私たちがこれほど経済にふりまわされているのは、いったいどこに原因があるのだろう。敗戦で無一物になってしまった反動だろうか。それとも人間の内部にある欲望が、いびつな一方的な方向にのみ噴射しているのだろうか。どちらにしてもこの根強い衝動を弱めるか、様々の方向に発散させないかぎり、自然破壊も人間破壊もとどまるところを知らないであろう。考えてみれば〈金〉も〈物〉も自然界には存在しない。人間の論理でつくり出した、別の系なのである。逆に言うと、その系内部のものには簡単に結びつく。道路、工場、ダム、原発、そして核兵器。別の系に立てばそれは多少の良心のとがめを伴ったとしても、最終的には〈正しい〉と言い張ることができる。これらのいわば人工の系と自然の系が私たちの生活点で、同じ比重で混じりあうことが、衝動を弱める一つの方法ではないかと私は考えている。

でもやっと袋小路から抜けだしたばかりの私は、もちろんそこまで考えてはいなかった。ただ個人のレベルで、たえがたく感じていた自然喪失感を、娘たちといっしょに野外に出ることによって補っていただけである。

恰好をつければ「子どもに自然教育を施しましたの」とも言えるだろうが、ほんとうはそうではなくて私の好みを彼女たちに押しつけたにすぎない。都会生れの彼女たちがよくいやがりもせずついてきたものだ。

半強制的に連れだされたあちこちの自然体験が、現在屈託なく都会生活になじんでいる彼女たちに何をもたらしたかを、外側から測ることはできない。ただ、たまに母子の話が十数年前にさかのぼるとき、彼女たちが意外に克明にその状況を覚えていることは確かである。

「アメフラシの卵ってラーメンみたいだったね」とか「ほらロープウェーの下を歩いて降りたじゃん。夏だから道もわからないくらいササが茂っててさ。お母さんは首が出るけど、あたしはもぐっちゃってチクチク痛かった。それから目玉みたいな模様のある赤いチョウが、たくさん飛んでいたよね。テングチョウって変な名の……」

おそらく都会に育つ子どもの、たまさかの自然体験というのはこんな程度のものになるのだろう。ふだんは心の底で沈潜していて、何かの拍子に表面に浮上してくる。一瞬の鮮やかな情景とともに、泡のようにパチッとはじけて終るのか、それとも本人に一生つきまとうかは、個人の資質によってちがうだろう。でも少なくともその場かぎりで、溶けて消えてゆく印象ではないらしい。

むしばまれた東京

前にも書いたとおり、わが家の近所には、まだ田園の残香《のこりが》がほのぼのとたっていた。家の前は細い土の私道で、下におりる途中でごろごろした石積みの段になった。この短い道をしたって、買物の往復にわざわざ回ってくる子連れの主婦や、朝夕散歩に来る老人たちもいた。犬たちも喜んで、ここをトイレに使った。春になると、人の踏まない両側にスミレやムラサキサギゴケやホトケノザ、タチイヌノフグリが咲き、秋にはネコジャラシがしっぽのような穂を風になびかせた。私の娘も近所の子どもも、土の上を踏む感触を知っていた。雨の日には、泥んこがひざまで跳ねあがる。でも、彼らはわかっていた。地球は土と石ころでできていることを。二年前、上池台にも下水が普及して、この道はコンクリートでおおわれた。今、ここで遊んでいる子どもたちは、そのことをどうやって理解するだろうか。

わが家の庭は、面積にして三十平方メートルぐらいだが、住人の怠惰と自然志向のせいで、近所のどの庭よりも草がぼうぼうに生えている。そして植物がほかの生命を呼びよせることが事実であることを証明した。アゲハ、クロアゲハ、スジグロシロチョウ、ヒカゲチョウが飛びまわる。アシナガバチ、クマバチ、ハナバチが花にもぐりこんでいる。ショウリョウバッタが葉にとまり、カマキリがかまをふりあげて狙っている。不用になったベビーバスを埋めて池を作ったら、数匹住んでいるヒキガエルが毎春、蛙合戦をしたあとに、産卵するようになった。夏にはその年誕生したミニ蛙がやたらに跳ねるので、踏みつぶさないために苦心をする。えさ台は、庭でもっとも古い歴史を誇っている。引っ越した直後、なぜかコーヒーを飲みながら、鳥を見たいと考えて自己流で作った。木箱をフェンスにくくりつけただけの粗末なえさ台に、ヒヨドリ、オナガ、キジバト、スズメ、ムクドリ、カワラヒワの常連のほか、ツグミやジョウビタキなどの旅客も寄っていく。

一方、人や植物にありがたくない生物もどんどん登場する。アブラムシ、カイガラムシ、ヤブカ。ヒキガエルやテントウムシやヒラタアブの幼虫が、彼らの数を減らすのに協力してくれるが、ツバキのチャドクガやツツジのルリチュウレンジバチ、バラのチュウレンジバチの大発生にはお手あげだ。仕方なく私が出ていって、適当に退治する。薬は使ったことはないが、火あぶりにしたり、水をはったバケツに溺死させたり、靴でつぶしたり、こういうときはかなり残酷になる。さらに枝葉がのびすぎて、日当りが悪くなると植物自身が病気にかかることもある。二年ほど前に、紫紋羽《むらさきもんぱ》病という悪質の病気にかかって、わが家の猫たちが木のぼりに使っていたヤナギが枯れてしまった。私も猫もがっかりした。今の東京の自然は、やはりどこかむしばまれているのかもしれない。一見、健全に見えても内側にたいへん脆弱な部分をかかえこんでいる、狭すぎる面積に詰めこまれているせいか、それとも汚染された大気やバランスを失った水収支や土壌などの環境因子のせいだろうか。都市が現在ある、あるいは回復させた自然を維持するためには、この種の病理問題も解決していかなければならないだろう。

3 「小池しぜんの子」前史

流星の乱舞に子供たち興奮！

元の職場から機関誌の編集を手伝ってほしい、という依頼があった。八年ぶりに顔を出した日本自然保護協会は、生き生きした活発な雰囲気にあふれていた。それは職員の半数が二十代になったせいだろう。彼あるいは彼女たちは七〇年安保を経た行動派の世代で、私以前の世代のように社会的発言を固苦しく考えず、学生運動も市民運動も日常レベルでとらえていた。私は彼、彼女たちのエネルギーに目の覚める思いをした。自分の再出発のコースよりも、こういう若者たちと話をするのが楽しみで仕事に来た。

初めのころは、お互いにちょっと探りあうような時期もあった。いつの時代もそうだが、若者はつねに上の世代からたたかれたり、嘲笑されたりする。確固とした人生観や管理体制に支えられた年長者にとって大切なのは、自分の築いた城を精いっぱい守ることだ。現代若者批判の多くは、そういう彼らの自己正当化の欲求から出ているような気がする。だから敏感な若者たちは、まず相手がどういう人物であるかを見ぬこうとするのだ。

協会の事務所には、こういう先輩の後に続こうとする学生や自然保護のグループが毎日出入りをしていた。以前の協会が自然を愛する文化人のサロンだったとすれば、この時期の協会は、野生生物に興味を持ち、人間も自然生態系の一員として位置づけるエコロジストたちのたまり場だった。自然保護協会の研究員の木内正敏さんはそのリーダー格だったし、そのころ知りあったメンバーの一人である日本野鳥の会の市田則孝さんは、のちに大井埋立地の自然保護運動で私たちのすばらしいパートナーとなった。

集まってきた学生の中に、村田君という早大生がいた。経済学部の三年生で、子熊そっくりのころころしたかわいい青年だった。京都出身の村ちゃんはとても人なつこくて、私の家にもときどき遊びにきた。そしてたちまち二人の娘たちのアイドルになった。彼のめずらしい素質――子ども好きで、子どもにも愛されるという二重の利点が、こういうとき遺憾なく発揮されるのだった。

「あーあ、保父さんになりたい」と口走って、私をびっくりさせたこともある。それは絶対に不可能なことだった。村ちゃんは、電気関係の製作所を経営する父親の跡とりだったから。「夏休みに知ちゃんや彩ちゃんとキャンプをしませんか？　奥秩父にとてもいい場所があるんですけれど……」

ある日、村ちゃんが私に言った。そのとき突然、ひらめいたことがあった。

「そのキャンプにほかの子どもも参加していいかしら？　娘の従姉とか、学校の友だちとかだけど……」

「もちろん、いいですとも」と村ちゃんははりきって答えた。「手伝ってくれる仲間も探してきます」

彼は熱心に計画を進めた。時期は七月下旬、場所は荒川上流の川俣村。テントで寝泊りして、食事は自炊。目的は自然観察と野外生活訓練、等々。大学生の協力者を集め、青年奉仕協会からキャンプ用具一式を借りてきた。私は、親の承認を得たうえで子どもの参加希望者をつのった。同時に村ちゃんが見のがしているチェックポイントのいくつかを指摘した。どうも彼よりも私のほうが、自然体験の積み重ねは多いようであったから。

ついにキャンプの日がやってきた。リーダーは村ちゃんほか二名の早大生。参加した子どもは幼稚園から中学生まで十一名。私は全体の監督というあまり得でない役まわりを引き受けた。私の娘たちも、ほかの子どもたちも初めてのことにたくさん出会った三泊四日だったにちがいない。河原の石を背中に感じながら寝たこと、川の中にいるプラナリアという変な生物のこと、流木でごはんをたいたこと、岩かげから咲きだした紫のイワタバコの花のこと。そしてハイライトは夜空に現われたペルセウス座流星群の乱舞であった。二十時ごろから始まったこの天体ショーは、夜中から夜明けにかけて最高潮に達し、金色の火花のように前後左右に飛び散る星屑に興奮した子どもたちとリーダーは、テントにもぐりこむのを忘れて一晩を過ごしたのだった。

自然は自分にとって大事であるとき守りたいと思う

それにつけても、初期のリーダーたちは何と童心にあふれていたことだろう。彼らは子どもにせがまれるまま、岩登りをさせたり、急流で鬼ごっこをしたりして総監督をハラハラさせた。子どもが電車の中を駆けまわっても、リーダーの財布を引きぬくなどの悪ふざけにも、ニコニコしていた。

「村田君、いやなことはいやだって、はっきり言いなさい。今の子は他人の気持を測るのがへただから、どこまでもエスカレートするわよ」と私は忠告した。

「いいんです。ほんとにかわいいな、コドモって……」と村ちゃんは目尻をさげる。

いちばんびっくりしたのは、長い道中に飽きた一人の子をひょいと抱きあげて電車の網棚に載せてしまったことだ。たちまちわっと子どもたちは沸き、希望者が続出して、網棚は荷物ならぬ子どもであふれかえった。この奇想天外なサービスの面白さを十分感じながらも、常識人としての私の目は乗客の迷惑顔をすばやく捕らえてしまう。

結局、こっぴどく叱りつける割の悪い役目は私が引き受け、彼らは子どもたちの人気をばっちり獲得したのだった。

幸い天候に恵まれて、自然観察キャンプは無事に全日程を終えた。

「ねえ、タレパン（たれ目パンダの略。村田君につけられたあだ名）、今度はいつ行くの？」

村ちゃんは私をちらと見て言った。

「加藤さんに相談してからね」

「ねえ、オバさん」今度はこちらに攻勢を転ずる。現代っ子たちの頭は実に巧妙である。ときには「ほんとにお世話になりました」などと言いながら「また行こうね、水遊び面白かったもん」とねだる。

「そうね」と私は慎重に答える。「でも水遊びのほかに、何かいいことなかった？」

「これ、これ」とフィールドノートをひらひらさせる。「夏休みの宿題ができちゃった」とちゃっかりしている。

参加者の親からも、感謝と好評が届いた。何人かの子どもが、キャンプのことを作文に書いて、小学校の先生の知るところとなった。

「学校でも家庭でも、できないことをさせていただいてありがとう。自然って、今の子にいちばん欠けている部分だと思うわ。またよろしくね」

率直な感想に私は狼狽した。まるで社会事業でもやってのけたようではないか。ほんとうは、自分が野外に出たかったのだ。子どもたちのためばかりではないのだ。それは村田君をはじめとするリーダーにも共通な気持だろう。でもこうなると、きちんと心の始末をつけなくてはならなくなった。いったい今後も、こういうことを続けたいのか、それともこれ限りにするのか？　リーダーたちが、彼らの活動として、子ども自然観察会を続けたいと考えていることは明らかだった。彼らは何の欲得づくもなく、協力したがっていた。現代社会ではめったに訪れない、すがすがしい出会いであった。若者が若者である証拠の一つであるこの純粋さを、私は傷つけたくはなかったし、この出会いが貴重なものであることもわかっていた。

でも本心を言うと、たいへん面倒くさかった。もともと独りでいる時間が、いちばん気楽という性質だった。少女期は人前に出ると、口が動かなくなった。そのくせ変に我が強いところもある。およそ先頭に立つ者の器ではなかった。同人誌に発表している小説のこともあるし、やはりこれ限りにしてもらおうか。ちょっと待って。じゃあ、あの夜空を見あげていた子どもたちの真剣な目、野苺《いちご》の汁でまっ赤に染まったくちびるはどうなるの？　ジュンちゃんと水かけっこをしている長女、リーダーとサワガニの水族館をつくっている次女の姿がちらちらした。子どもは一日も同じ地点に立っていない。私は迷いに迷った。

四十六年に公害と自然破壊の問題を統括する環境庁が設立され、大石武一長官が尾瀬《おぜ》を視察して自動車道計画は途中で廃止された。しかし四十七年には日本列島改造論が打ち出され、これによって地域開発に拍車がかかった。都市の緑は減少する一方だった。わが上池台地区でも、昨日まで遊んでいた空地が駐車場になり、庭をつぶして敷地内にアパートを建てる人がふえた。灰色化が進んでいた。学校では管轄内で生徒が野外に出るのを禁じている。事故が起こった際の責任追及が怖いのである。同じことが区役所にも通じる。草を刈らなければ、文句の電話がかかるという。けがをしたら賠償を請求されるから、公園は安全無害な、したがって創造性も想像力もわかず、バッタ一匹も跳ばない設計になってしまう。

いったい自然に触れずに育った者の心に、自然や生き物に対する愛惜が生まれるだろうか。いくら教科書やお説教で、「自然は大事だ」とくり返し教えられても、それはかつての修身の授業と同じで、生徒たちはオウムのように機械的に反復して唱えるだけだろう。自然が一般に大事だというのではなく、自分にとって大事であるときに初めて、それを守りたいと思うのではないか。この気持は〈自然に触れる機会〉なしには、生まれてこないだろう。〈流星体験〉〈プラナリア体験〉〈サワガニ体験〉はそれぞれの好みに従って、子どもたちの心にしっかりと刻みつけられたにちがいない。技術的にまずい所はあったとしても、その点ではキャンプは成功だった。ここまで考えてきて、私は自然観察会が、人のためだけではなく、長い目で見れば私の大好きな自然そのもののためにもなると感じはじめた。少なくともそう感じることで、続行の意志へ一歩近づいたのであった。

「次の会もよろしくね」と私は村ちゃんに言った。子熊みたいに無邪気な顔が輝いた。

「でもお遊びじゃ困りますよ。総監督もけっこう多忙なんだから」

「わかっています」

私も、何事も一〇〇％決めたとおりには行かないことをさとる年齢に達していた。義務としてするわけではないのだ。自分の気持に従っただけだった。そう思ったら、ずっと楽しくなった。

「小池しぜんの子」の出立ち

こうして自然観察会「小池しぜんの子」が発足した。小池とは、上池台の中心にある池の名前である。今は釣り堀になっているが、隣家のおばあちゃんが若かったころは、きれいなわき水の池で、ジュンサイがいちめん自生していたそうだ。会の代表者兼事務局は、加藤幸子。リーダーは村田君が会長の「早大大自然の会」のメンバーである。創立記念日は、例のキャンプを始めた昭和四十七年七月二十五日にした。会ができて第一回目の観察会は、十二月に行った。場所は飯能市の川又鍾乳洞だった。

参加者名簿は次のとおりである（カッコ内はニックネーム）。

大田区上池台　井野正信（そうしきまんじゅう）紺野浩二（ノンコ君）徳重裕二（とっくん）石橋淳子（ショージ）白木知子（でんでんおばけ、私の長女）千羽はるみ（たこ）中垣ちはる（チーターン）原田香（チェリーおばけ）山内正子（レモンこ）鵜沢真知子（マッチ）加藤幸子（キリン）

豊島区駒込　村田理如（タレメパンダまたはタレパン）

小平市花小金井　大槻昌寿（お月様）

全員が三年生の長女の同級生である。

村ちゃんと二人で手造りのパンフレットも作った。マンガが主流とはかなり先端的だが、内容は今読むと赤面の至りである。私自身がこの会の目標を把握していないことを、明らかにさらけ出している。つまり〈自然に触れる機会〉をつくりさえすれば、自然についての関心がわくだろうと単純に思っている点は、村ちゃんとたいした差はなかったのだ。

「大自然の会」のフィールドは秩父・奥多摩方面だったから、毎回かなり強行なスケジュールだった。でも私も子どもたちも元気に、二ヵ月に一度ほどの観察会を楽しんでいた。口コミで会員数はうなぎ登りだった。第三回の顔振峠《こうぶりとうげ》の記録（村田）によると、参加した子供は二十一名で、リーダーは私を含めて六名である。ちなみに当日の記録を書き写してみよう。

一九七三年四月三〇日　月曜日（晴）

西武池袋発 八時一五分↓〈西武線〉↓吾野《あがの》着 九時四五分（シロツメクサで花わをつくる）↓〈徒歩〉↓

顔振峠《こうぶりとうげ》着 一二時三〇分（昼食・地図とジシャクでまわりのけしきを見くらべる）発 一三時三〇分↓〈徒歩〉↓

黒山三滝着 一四時三〇分（滝の中にカサをさして入る）発 一五時一〇分↓〈徒歩〉↓黒山バス停発 一六時

↓〈バス〉↓越生《おごせ》発 一六時四〇分↓〈東武東上線〉↓池袋着 一八時一〇分

となる。（　）の中の書きこみは、村ちゃんらしくてほほえましいが、生き物の観察記録がなくて物足らない、と批評した覚えがある。ところが一年ほど過ぎて、リーダーたちは私が感心するほどのアイディアを持ってきた。秩父の日向《ひなた》という過疎の村があり、半数の家屋が無人になっている。その一軒を〝特安〃の家賃で借りることに成功したので、ここを「小池しぜんの子」の根拠地にしたいというのである。家主さんは浅見吾策《ごさく》さんといい、現在は山の下の浦山駅の近くに住んでおられて、日向の家には畑や山仕事のためだけに上がってくる。だから自由に寝泊りしてかまわない、という話だった。

　私もこの話には、すっかり興味をもった。自然観察と下見をかねて、四十八年十月に子ども十二人と行ってみた。日向は、キャンプ場もある浦山渓谷から一時間ほど登っていく山村だった。秩父独特のV字谷を見おろしながら、十数軒の民家が急峻な山腹にかきの殻がへばりつくように散在している。

電気はきているが、水はわき水を利用している。ガスはきていない。平地はほとんどなく、転がり落ちそうな段々畑に野菜やソバやコンニャクが栽培されている。けれど浅見家は、都会の家から比べると驚くほど堂々としていた。いろりのある板の間のほかに四間もあり、二階はかつては養蚕室だった。子どもたちが、最も目を丸くして眺めたのは、煤《すす》だらけだが両手を回しても届かないほど太い大黒柱だった。浅見さんは最初の出会いの日、畑のサツマイモ掘りを許してくださった。皆は大喜びで手を泥だらけにして掘った。サツマイモがつる植物であることを初めて知った子も多かった。

これ以後、ほぼ十年にわたって「小池しぜんの子」は、吾策小屋と命名されたこの家を利用させていただき、浅見さんからも山暮らしについてたくさんのことを学んだ。心ならずも日向から遠ざかったのは、昭和五十八年、浦山川にダム建設工事が始まったからである。驚いたことにこのダムは地元埼玉県に利用されるのではなくて、何と東京都の水がめになるのだそうだ。完成すれば日向の村も半ばまで水に沈む予定である。村の人たちは私たちにもまして複雑な思いであろう。

雨の日に生き物たちは何をしていたか

「小池しぜんの子」の活動は、軌道に乗りかけているように見えた。八月初旬に予定された吾策小屋の夏休み合宿のために、リーダーたちは準備に一生懸命であった。リーダーのチーフは村田君、サブは山名君だった。山名君は同級の女子学生四人を連れてきてくれて助かった。参加した子どもは三十名近かったと記憶している。ところが残念なことに、合宿期間中、初日を除いてぜんぶ雨にたたられたのだった。せっかく立てた自然観察プランはすっかりパアになった。リーダーたちは代案を立てるのを忘れていたのである。しかも大至急計画変更を考えることもなく、毎日レスリング大会と隠し芸、トランプ、ゲームと男女にわかれた口げんか、あるいは男の子同士の取っ組み合いで過ぎていった。子どもの前では抑えていたものの、さすがの私も怒り心頭に発した。帰京直後に、反省会を開いて批判を浴びせかけた。

「『小池しぜんの子』の目標をどう思ってるの？」

「自然に親しませて、自然を好きになってもらうことでしょう」と一応は神妙である。

「合宿はその目標を果たしましたか？」

慣れない役どころに、私もつい切り口上になった。

「あれは……雨のせいで」と村ちゃんがボソボソ言う。吾策小屋で子どもの大将になって騒いでいたときと大ちがいである。

「雨も自然現象よ。あのくらいの雨なら、傘をさして小屋の周囲を歩きまわるぐらいできたでしょう。私の観察では、山の花十数種が咲いていたし、虫だって葉の裏にとまっていたわ。『雨の日に生き物たちはいったい何をしているか』というテーマだってよかったじゃない。それとも天気の悪い日は、家の中で暴れようという計画だったの!?　私はこのまま子供会を続けるつもりはさらさらありませんからね」

最後の一句はかなりのパンチだったらしく、村ちゃんは口をつぐんでしょんぼりしてしまった。私は言い過ぎた、と思った。彼の心の純真さ、リーダーたちの骨折りを認めていないわけではないのだ。今回を反省して、次回からもっとしっかりと取り組んでもらえばいいのである。ところが、それまで黙っていた山ちゃんこと山名君が、横から口を出したので、話が混線してしまった。山ちゃんは三年生だったが、仏文科を卒業してからどうしても教師になりたくて、「教育学部」に再編入したのだった。ふだんはぼっさりした山男ふうなのだが、村ちゃんと異なりかなり辛口なのである。

「われわれの自然観察会っていうのは、一種の社会教育ですよね」

「ええ、まあ……」と私は虚をつかれて肯定した。今まで〈教育〉をやってるとは考えなかったが、広い意味ではたしかにそうだろう。

「教育の根本は自由でなければならないでしょう」

ははあ、と私は気づいた。なるほど、ルソーだ。自然の教育だ。

「そうね。押しつけは私もきらいですよ」

「三日や四日、騒ぎまくってもたいしたことないと思います。もう少したてば、自分で気がつくはずですから。ぼくたちは自発性を大事にしたい」

「でも、気がついたときには遅すぎることだってあるわ。『小池しぜんの子』の夏休みの合宿がああいうものだと思いこまれてはこまります」

「子どものそれぞれの時期、それぞれの段階にふさわしい固有の進歩というものがあるでしょう。焦ってもだめなんじゃないですか」

焦っているのは私のほうである。限られた時間の中で、いかに有効に子どもに自然の楽しさを知らせ、その仕組を理解してもらうか工夫してほしいと言っているのが、なぜ二人にわかってもらえないのか……。

「自然観察は子ども自身の成長にも役に立つと思いますよ。しっかりとものを見たり、考えたりする力や想像力もつくわ」

「はい」と山ちゃんはうなずいた。「子どもは教師の弟子ではなく、〈自然の弟子〉だ、といいますから」

「その自然の方向に、子どもの注意を向けさせてほしかったのよ」

「でも、強制は自然ではありません」

私たちの議論は堂々めぐりでさっぱり進まなかった。たしかルソーは社会の習慣がエミールの教育を阻害することを恐れて、彼を社会から隔離して育てたのだった。田園の風物の中で純粋培養された物語の主人公と、物質社会の影響をもろにこうむっている都会の現代っ子をぴったり重ねようとすることに無理があるのではないだろうか。私は教育にかけては、専門的な勉強をしたことは一度もないけれど、曲りなりにも母親だった。そしてその体験から言うと、現代の子どもたちにもっとも強く影響を及ぼしているのは、親でも教師でもなく、〈社会〉そのものだった。当然のことだが、現代社会をぬきにして、現代っ子の教育は語れないのである

「この問題は大事なことよ。もう一度お互いに考えることにしましょう」

私はとりあえず冷却期間をおくことにした。

吾策小屋のユズ

次のリーダー会に山ちゃんは現われなかった。もてすぎる彼は、二人の女の子とどうしたとか、こうしたとかで、来られなくなったのだった。そしてこともあろうにたれ目パンダの村ちゃんは、すっかり洗脳されていた。彼は前回の議論には触れずに、にこにこして言った。

「次は十月の土、日にかけて行こうと思います。学校が終ってから出発して、夜、暗闇の中を登らせるつもりです」

私は震えあがった。けわしい山道で、われがちに押しあいっこをする子どもたちの様子が目に見えるようだった。

村ちゃんは理論的背景があるので、がぜん強気になっていた。

「ルソーは述べてますよ。経験と実物による教育が、何よりも大切だって。火に触らなければ、熱いことはわかりません」

「それはそのとおりよ。でもヤケドをしたらどうするの？」

「小さなけがは子どもには付き物です」

「ええ、そうよ。昔はそうだったの。子どもは小さなけがのくり返しによって、大きなけがを防ぐこつを覚えたのよ。日常生活の中で、体験しながら何が危険なことか知ったのよ。私もできるだけそういう方法で、二人の娘を育てているのよ。でも現代っ子たちの多くは、そういうふうに育てられていないわ。子どもの数も少ないから安全第一主義にならざるをえないし、小さな冒険を試みる環境も周囲にない。今の子どもは、すでに自然を知らないまま育ってしまっているの。野外では何をしたら危ないかとか、してはならない自然のルールについては、まったく無知識なの。昔の子なら小さなけがですむところも、大けがをしてしまう」

「だからこそ、こういう機会に自由にのびのびとさせたいんです。子どもがかわいそうでしょう」

「うん、たしかに今の社会は、子どもをめぐる状況としては最悪ね。でもたまに私たちがそれをしたからって、何も変わらないわ。日常的に、家庭や学校で子どもが解放されなければね。たかが二ヵ月に一度の私たちの会で予備知識もない子どもたちを突き放すことは、かえって無責任としか言えないわ。泳ぎを知らない子どもをいきなり水中に落としたら溺れてしまうでしょう。まず板切れにつかまって練習しなくちゃ……」

村田君はありありと不満そうだった。彼にとって私は、心配性の母親としか映らなかった。もしかしたら責任逃れをしたがっている大人の典型だと思っているかもしれない。でも若い人たちにいかに嫌われようとも、考えていることは言わねばならない。私は話しながら自分の大学時代のことを思いだした。山スキー部に入っていたので、夏山も冬山もよく登った。装備も食料も今のように近代的ではなかったが、道のない山をブッシュこぎしたり、零下二十度の猛吹雪をついて歩いたり、ずいぶん乱暴な登山もした。ただ仲間うちでの鉄則のようなものがあった。準備には万全の注意を払う、体力が落ちたら無理をせずビバークをする。私たちは自然が、人に対して甘くないことを十分に心得ていたのだった。そして他の人の生命も、自分の生命も、同じくらい大切に思っていた。もちろん自然観察会では、山登りほど危険なことはしない。でも、毒ヘビに噛まれたり、蜂に刺されたり、ウルシにかぶれたりする可能性は野外でしじゅうあるはずだし、木のぼりの経験のない子が、細い枝につかまって落下することもありそうなことである。そういう事柄に、どう対処するのか、と私はもう一度村田君にたずねた。彼のシビアな態度を期待して。

「だいじょうぶですよ。ぼくがついてますから……」と彼はのんびり答えただけだった。

そのぼくが安心できないの、とはさすがに言えなかった。それでついに宣言してしまった。

「どうしても連れていくのなら『小池しぜんの子』とは別のグループとしておやりなさい」

それでも村田君は決行するつもりだったらしい。夜の登山計画が中止されたのは、誘った子どもの中の一人の父親（千羽晋示氏）が、国立自然教育園の専門家であったことによる。

それ以来、村ちゃんも山ちゃんも「小池しぜんの子」から離れていった。

二年ほどたって、私が外出から帰ってみると、玄関先に手帳を破ったメモと香りのよいユズが二個置いてあった。メモには、「吾策小屋のユズです。彩ちゃんにあげてください。山名」と走り書きがあった。その少しあとで、突然山ちゃんの訪問を受けた。彼は紺色のスーツを着ていた。大学院に在籍していると言っていた。

「ぼくたち忙しくなって、吾策小屋はもう利用しません。『小池しぜんの子』で使ってもらえませんか」

私は喜んで承諾した。そのほかは教育論は一切しないで、二時間ほどあい変わらずポツポツと山男ふうに喋って帰っていった。

村ちゃんからも数年たってから葉書をもらった。「石川県にいます」。一年後「京都に帰り家業につきました」。また一年後「結婚しました」。私はエプロンとネクタイをお祝いに贈った。「ニューヨーク支社に行きます」という知らせが最後だった。風の便りでは現在は西独（当時）で社長修業に励んでいるらしい。

二人とも、私と同じようにたぶんあの論争を忘れてはいないはずだ。あのころ、私たちは悲劇的喜劇を演じたのかもしれない。でも少なくとも、だれもかれも超まじめであったし、精いっぱい自己に忠実であろうとしていた。

4 母親参加の幕開き

初の野鳥観察会

初代リーダーたちとの残念な決裂は、かえって私にやる気を起こさせた。うるさく批判した以上は、私自身の青写真を描いてみせなければ、会員に対しても、自分の気持に対しても収まりがつかない。まず手始めに、会員の親子を対象にした会報を発行することにした。第一号は昭和四十八年十二月十五日が発行日になっている。内容は自然と自然保護の情報、活動予告と報告などだが、どうせ自分がつくるのなら、楽しまなくちゃという気になって、イラストや文章や詩を勝手気ままに書かせてもらった。現在は会員の編集係が担当しているが、Ｂ４判で表紙に絵がくるスタイルは変わっていない。

自然観察会を再開したのは昭和四十九年からである。日頃、自然に目を向ける機会の少ない子どもたちが、リーダーといっしょに野外に出て、生物の暮らしを観察する。これが第一段階だとすると、第二段階では、自然の仕組みに興味を持つ。興味はまもなく対象である自然が好きという感情に発展するだろう。そして自然が好きという気持と、自然保護の意識までの距離は、ほんの数歩だろう。私の頭の中の青写真は、こんな工合にできていた。もちろんこれは理想であって、現実はいろいろとややこしいことが起こるから、こんなにうまくは進まなかった。ときどき入会希望者の親から、問い合せの電話がかかってくる。

「あの、「小池しぜんの子」の事務局ですか？」

「はい、そうです」

「子どもの友だちの○○ちゃんが入っているので、入会したいというんですが」

「はい、どうぞ」

「あの、理科が不得意なので、成績が上がればいいと思ってるんです」

「……！」

私たちの自然観察会は、もちろん学校の理科教室の延長ではない。べつに試験の点数がよくなるわけでもないし、かえって日曜日は机の前から子どもを解放することになる。自然の知識はたしかに少しはつくかもしれないが、それよりも自然の中で動植物に親しんで、自分が〈しぜんの子〉であることを認識してほしいのだ。したがってリーダーは単に自然についての教師ではなく、子どもたちを自然というふしぎで面白い世界へ引きこむ水先案内人なのだ。

以前の失敗を反省して、私は強引なリーダー探しはしないことにした。観察会のお手伝いをしたいという若い人たちには自由に来ていただいて、お互いの意志が疎通するよう努力はするが、強制はしない。自然観察会としての方向が定まっていれば、自発的に残るべき人は残っていくだろう。事実、このあと数年間のリーダー会のメンバーは、中核の二、三人を除いてかなり流動的だった。リーダーが少ないときには、私から適切な指導者を外部にお願いすることもあった。

こういう主旨で開いた第一回目の観察会は、四十九年二月の多摩川是政《これまさ》橋の「水鳥観察会」だった。この観察会はいろいろな点で、従来私たちが行った観察会と異なっていた。まず場所が秩父などの遠方ではなく、都内の川辺という身近な自然地だったこと、また「小池しぜんの子」にとっては、初の野鳥観察会だったことである。参加した十六名の子どもたちは、多少とまどいながらも、プロミナ（望遠鏡）を通してのぞいた鳥の世界に新鮮さを感じたようである。会報三号に掲載した鵜沢真知子さん（当時四年生）の作文を抜粋してみよう。

「……（是政線を）おりれば、もう多ま川が見え、川には黒っぽいぽちぽちが、たくさん見えてきました。／少し歩いて橋の上からさらに、はっきり見ましたら、そのぽちぽちが、カモだったのでみんな、声を出してよろこびました。／土手までおりていったら、オナガガモやユリカモメがいっぱいにいました。市田先生が、望遠鏡で見せてくれて、それを図かんの中からさがし当てたりして、鳥のいろいろを、その場で勉強しました。……／サギは真白で、カモにくらべるとても足が長く黒かったです。足あとは、大きくて、指も太そうです。……／ぬれた土地の上に、かわいい小さな足あとが見えました。『これがチドリの足あとだよ』と、先生が教えてくれました。ユリカモメは、白とはい色で、魚やゴミを食べていました。『キーキ』とうるさい声で鳴きます。……」

十数年も前の情景が、はっきりとよみがえってくるのを感じる。文中の先生とは、野鳥観察の指導をお願いした日本野鳥の会研究員の市田則孝さんである。またこの観察会には、めずらしくリーダーではない大人が二人参加していた。会員の小沢美奈子・浩一姉弟の御両親だった。浩一君と私の次女は幼稚園時代以来の同級生で、私がお母さんの小沢慶子さんを誘ったのだった。彼女と私は、ともに好奇心に満ちあふれているという特性があり、これが二人をしばしば同じ行動に駆りたてていたのである。このときも野鳥観察の帰途、二人で並んで川べりを歩いているうちに、「小池しぜんの子」の活動に重要な影響を及ぼしたある発見を同時にしたのであった。

あなたは合成洗剤を使いすぎてはいませんか

二月の中旬で、まだ川面から吹きあげる風は冷たかったが、岸辺は春告げ花であるスミレやホトケノザ、オオイヌノフグリなどの小さい花々でけっこうにぎやかに彩られていた。突然、小沢さんは足をとめた。

「あら、あの白いもの何かしら」

彼女は近眼で、私は遠視だが、その私にも一瞬何だかわからなかった。岸に沿った水面の一部が淡雪のような斑のものでおおわれていたのだ。

「泡だわ、洗剤の泡」と私は気がついて言った。近づくにつれて、大小様々のしゃぼん玉がぷかぷか水面から舞いあがるのも見えた。ショートパンツをはいた女の子が二人、浅瀬でしゃぼん玉を追いかけていた。彼女たちの素足にも白い泡が付着していた。泡の正体を知らなければ、それはむしろ、夢幻的な美しい光景だった。「足がきれいになっちゃうよ」と観察会の子どもの一人がすっとんきょうな声で言った。

「ドクじゃないのかしら」と小沢さんが小声で言った。

「そうだと思うわ」と私も少し肌寒くなって言った。私は仕事柄、合成洗剤について幾らか情報を持っていた。

「多摩川の水をね、私たちが汚してるんだわ」と小沢さんが言った。「洗剤や排水で」

「やっぱり実際に目で見ないと気がつかないわね」

「鳥には影響ないんですか」と今度は市田さんにたずねた。

「もちろんあると思います。ただ原因が重なっているから、被害が出てもこれだとは断定できないけれど」

「食物連鎖でね、ピラミッドの上のほうに位置する動物ほど体の中に濃縮されてくる。水道水からも、もう検出されているそうよ」と私もちょっぴり知識を披露した。小沢さんは熱心に勧めた。

「ね、合成洗剤のこと調べて会報に書いてよ」

「いいわ」と私は約束した。彼女に言われるまでもなく、私自身の中にこのえたいの知れない物質に対する興味と、平行する不安が生じていた。当時合成洗剤は全盛であった。昔の洗濯用石けんにくらべて、水に溶けやすく、仕上げも真っ白で、いい香りがした。電気洗濯機という文明の利器に、これ以上マッチする洗剤はなかった。つまり、ほかのあらゆる現代的商品と同じく、かっこよさと利便性とスピード性を目標に開発されてきたのだ。

会報四号に「あなたは合成洗剤を使いすぎてはいませんか」という記事を書いた。「合成洗剤は石けんとちがって、水中でほとんど分解されない。家庭から流れだした洗剤は、やがて分解されぬまま海に出て赤潮発生の原因になる。合成洗剤を使うと、手に湿しんができることはよく知られているが、そのほかに人体に様々の障害を引きおこす可能性もある……」。たちまち反響があった。粉石けんを手に入れたい、という希望もあった。粉石けんは、たいてい小さな家内工場でつくられていて、町の店頭にも、デパートにも置かれていない時代だった。私はいろいろな所に当たって、信頼できそうなメーカーを調べあげた。個人では買い求められないので、共同購入をすることになった。私たちの購入したのは、大豆を原料にしているので、黄色くて変わった匂いがする。でも毎回五〇袋（四キログラム入り）ぐらい出た。会員の有志の世話で、現在もそれは続けられている。

さらに、もっと大勢の母親が、目の当りに合成洗剤の汚染状況を見る機会が訪れた。その年の夏の合宿は、富士山に予定されていた。企画と指導の中心は、国立自然教育園の千羽晋示氏が引き受けてくださった。千羽氏は会員の千羽晴美ちゃんのお父さんで、「小池しぜんの子」のことは一部始終ごぞんじだったから、多忙な時間を割いてくださったのである。富士山は、その中腹が野鳥や動植物の観察の適地であるというほかに、日本で最高の山として私たちに特別な憧れを感じさせる。千羽氏がそれに気づかれていたかどうかは別として、母親のあいだで参加希望者が続出したのである。人一倍、配慮の細《こま》かい千羽氏は、合宿の前に足腰を鍛えておくように指示されたので、私たちは七月になって、多摩川沿岸の十六キロを歩いたのだった。

　中流の和泉多摩川から歩き始めた私たちは、子どもたちといっしょに川べりの野草や昆虫を観察して楽しんだ。しかし一方では、下流に近づくにつれて水が濁りを増し、河原が、自然のままではなく、ゴルフ場、グラウンドなどに占領されている状態に気づいていた。遊歩道そのものが、これらの施設に押しだされ、車道に向って遠回りしている。歩道橋の原理と似ている。「人より施設」なのだ。しだいに腹がたってきた。とりわけ自分たちの居住地である大田区に入ると、ため息をつく回数が多くなった。東京都の一級河川である多摩川は、大田区と川崎市にはさまれて東京湾に注いでいる。下流に近い丸子橋は家から自転車を走らせて二十分ほどの距離にあるが、そこにたどりついたときの橋げた付近のショッキングな印象は、ただの疲労のせいではなかった。水門の手前によどむ広い水域は、何千何万という泡でわきかえっていた。上流から流れ下ってきた洗剤を溶かしこんだ水が、ここで攪拌されて生じたものだった。これはただごとではない、と私たちは感じた。はっきりした証拠があるわけではないが、危いと感じた時点でストップするのが、生きものとしての本能である。そうでなかったら、もう遅すぎる事態に突入している。戦争と同じである。

〈できる人が〉〈できるときに〉〈できることを〉

富士山の自然観察合宿は、子ども二十九人、母親九人、リーダー七人の大世帯だった。溶岩の砂礫地を彩るムラサキモメンヅルの花畑が鮮烈なカラー写真のように私の頭に残っている。頂上まで登ることを許された健脚組は、やっと到達してみると、頂上の露店や町中を上まわるにぎやかさにすっかり白《しら》けた。でも途中で引き返したいと弱音をはいた千羽氏の長女のユカリさん（当時中学三年）は、この後急に山登りにこり始め、短大入学と当時に「小池しぜんの子」のリーダーとして復帰。今も現役のチーフである。以前の子ども会員で、リーダーとして自発的に戻ってくれた人たちが、彼女を含めて数人いる。私は彼や彼女に会うたびに、自分の過ごした年月を考えて甘さとほろ苦さの混じった気分を味わわずにはいられない。

この年起こった「小池しぜんの子」の質的変化は、観察会が対象とする自然だけではなく、人間の生活の中にかつては横たわっていたが、生活の近代化とともに失われていった自然も含める広い視点を獲得したことだった。それはとりも直さず生活者＝生きものとしての、また種を存続させる機能をもった性としての、きわめて女らしい視点だったともいえる。

この時期はまた、私自身が一つの曲り角にさしかかっていた。もともと「小池しぜんの子」は、私および私の娘たちの周辺に口コミで広がっていった素朴なグループだった。会員同士は互いに顔見知りであり、それゆえにほかの組織とはちがって甘えの許される部分が多かった。

たとえば、観察会の当日に参加をとりやめたり、申しこみをせずに飛びいりで参加したりしてもだれも文句は言わなかった。皆がちょっぴり無責任で、お互いにそのことを認めあう気分が流れていた。けれど富士山合宿を経過した「小池しぜんの子」は、もはや仲よしグループの範疇《ちゅう》を越えた。観察会に参加する子どもの数はつねに二十名前後にふくれあがり、きちんとした事務処理が必要になってきた。会報の発行も、充実させようと思う分だけ手間ひまがかかった。仕事も家庭もと欲ばっている私が、時間の合間を見てできる作業量ではなくなってきたのである。いったいどうしたらいいのだろう。私は独りでずいぶん悩んだ。なぜその当時、ほかの母親たちに打ち明けなかったのか、今になって私は悔《くや》んでいる。そうしたらもっと別の解決法があったかもしれないのである。

でも、私はその点ではひどく突っぱっていた。初期のリーダーとの気まずい経緯《いきさつ》が尾を引いていた。「小池しぜんの子」の問題は自分でぜんぶかかえこんで、自力で乗りきるつもりだった。前の失敗に責任を感じていたので、何とか取り返したいと思っていた。そして四十九年五月以来、日本自然保護協会の事務所に通うのをやめてしまった。もうそろそろ、フルタイムの勤めも可能になっていたこの時期に……。

いったいこれはどういう心変わりなのか。私は〈仕事〉を持ちたいと思って、無理をしたのではなかったか。やめてしまったら、〝恋敵とのケンカに負けて逃げ帰った猫〟のように情けない気持になるのではないか。それに「小池しぜんの子」の活動は、義務でも強制でもなかった。人数がふえたとはいえ、たかが草の根自然観察会である。いざとなったら投げ捨てることなど簡単だった。〈仕事〉の傍《かたわら》続けられるように活動の範囲を縮めることもできる。

私はそのどちらも選ばずに、〈仕事〉の将来計画を中断したのだった。先に行けばまたどうにかなるさ、という大陸的な性格と、自然に直接に関わりあう自然観察の魅力と、二重三重の忙しさはごめんだ、という怠け者気質が合わさった結果である。私はむしろさばさばした気持で「小池しぜんの子」の活動に取りくんだ。ふたたび家庭教師や出版物の校正などのアルバイトを手当りしだいに始めて、小遣《こづか》いや活動費を作った。ほかの会員やリーダーからも、ときどき「臨時収入があったから」と言ってポコンポコンと寄付がやってきた。

〈できる人が〉〈できるときに〉〈できることを〉という不文律の原則は、「小池しぜんの子」の特色として現在まで続いている。こういう会としての自立性が、数年後の自然保護運動にどれほど効果を発揮したかわからない。

それではまるで鳥カゴの中のキャッチボール

会報八号に「とても困ったこと」という記事を書いた。私の家の近くの植木園の跡地に建設される児童遊園についての短い文章である。

「上池台三丁目に一五〇坪ほどの植木の林がありました。最近その場所が大田区の公園予定地にされました。安全な子供の遊び場ができるのは、私どもも大歓迎です。ただどうしてもなっとくいかないのは、コンクリートと裸地の遊び場をひきかえに〈緑〉を失ったことです。……」

問題の場所は、例のしにせの植木屋が遺産相続税のために切り売りをした最初の部分である。これ自体はどうにも仕方のないことだったし、買手が大田区だったからむしろほっとしていた。植わっている樹木を生かして、どんな児童遊園をつくるのか楽しみですらあった。ところが公園建設がなかなか始まらなかったので、樹木を運びだした跡地は草におおわれた。敷地の半分には、樹林がそのまま残っていた。野原にはバッタやコオロギがうじゃうじゃわいた。林の中をアオスジアゲハが舞っていた。夕暮れには野原で鳴く虫の合唱だった。林からはアオマツムシの声がそれに和した。子どもたちは、「公園用地につき立入禁止」と掲げられた立札をよそに、用地の周囲に張られた鉄条網をくぐりぬけて侵入していた。板切れやシャベルで穴を掘って、住居をつくった。昔も今も、子どもは穴居生活民の血を引いている。私は一年間、買物の行き帰りにこの情景を眺めて喜んでいた。

いよいよ工事が始まってみると、とんでもないことになった。まずブルドーザーが来て、野原をほじくり返した。林の半分は引き抜かれ、残された樹木（なぜかツバキ、サザンカなどの常緑樹が多かった）は、サクラの苗といっしょに公園の縁に沿ってばらばらに移植された。林としての生態的機能を認めず、デザイン要素として樹木を考えていることが一目瞭然の設計だった。私が会報に記事を書いたのは、このときだった。

「なぜ公園にしちゃうのかなあ」と下の娘はひどくくやしがった。「とてもいい所だったのに」彼女はほとんど毎日そこに行っていた。

くやしがったのは、一年間空地を楽しんだ私も同様である。小さな生物を追いはらい、林を切りたおした担当者は何を考えているのだろうか。私は平らにされた跡地がどう変わるのか知りたくなった。区役所の公園課に電話をかけてたずねてみた。

「ああ、あそこは地元の議員さんから要望が出ましてね、署名を集めて持ってこられたんです」

「どういう公園ですか？」

「ローラースケート場とキャッチボール場です。地元の方の要望どおり」

「え？　私も地元の住民だけど、そんな話はぜんぜん聞いておりませんよ」

「それはこちらにはわかりません。要望が議会を通ったので、手続きどおり進めているだけですから」

私は小沢さんにことの次第を話してきかせた。小沢さんの家は二丁目だから、この公園とはだいぶ離れているが、彼女は私といっしょになって憤慨した。

「納得のいく説明があるまでは、とりあえず工事を中止してもらおうよ」

「ほかの人たちに連絡するわ」

草の根のグループは、小回りがきくという、それなりのよさがある。あっというまに話が伝わって、翌十一月十二日には、私の家に六名の母親が集まっていた。皆、好奇心のアンテナの発達した人ばかりだった。

「公共の用地にローラースケート場なんて発想は困るわ。スケートを持っている一部の子どもにしか利用されないのよ」

「しかも貴重な土をコンクリートでおおってしまうのよ。何てもったいないことをするのかしら」

「建設費は八百万円ですって」と私が教えると、とたんに一同目をむいた。

「それだけの予算があれば、あそこに木が何本植えられる？」

「スケートは道路を区切って、車の入らない場所をつくってすればいいわ」

「そうよ、どうせ公園の中でぐるぐる滑っていたってすぐ飽きちゃうわよ。冒険ができないもの」

「そのほかの部分は、金網で囲って中でキャッチボールさせるんですって。ボールが飛びだすと、まわりの家に迷惑だからって」

「ナヌ？　それではまるで鳥カゴの中のキャッチボール」

「まさにそのとおり。哀れな子どもたち」

「木と草と虫はどうしてくれるのよ。元の草原に戻してもらいたいわ」

「大人の目で見ているからこんな公園ができてしまうんだわ。お役人も子どものころを思いだしてつくってほしいわね」

「とにかく、こちらでも要望書出しましょ。地元でも反対の人がいるという証拠に」

というわけで、二日後の十四日には「スケート場とキャッチボール場建設を中止して、公園用地を元どおり原っぱと林にしてほしい」という趣旨の要望書を区公園課長に届けたのだった。そのとき同時に「小池しぜんの子」の子どもの絵を二十数点持っていった。「身近にこんな公園あったらいい」という題で募集したものだが、実に楽しい空想画が寄せられてきた。未来都市風の絵も数点あったが、まずほとんどが草原と水辺と森を舞台にしていた。その中で子らは虫を追い、木の実を拾い、木の枝にぶらさがり、木陰で昼寝をし、丸木橋を渡り、こわれた車を家とし、原っぱでキャッチボールやサッカーをしていた。周囲では、野の動物や鳥が逃げ隠れもせずにその光景に紛れこんでいる。子どもの発想は昔も今も変わりがなかったのだ。

一週間後、同様のものをスケート場の音頭をとった区会議員のお宅へも持っていった。私の家とは十分足らずの距離に住んでいた織田純忠議員は、すっかり驚いてしまった。自分の行動が、地元の子どもたちのためになると信じきっていたからである。十一月の末、織田氏は区の公園課長をともなって、私の家を訪れた。そして集まった会員の母親たちと二時間にわたる議論をした。結果的には私たちが、いくら論理をつくして説明してもむだだった。すでに入札が終り、業者も決定している段階で、工事差止めは不可能だと突っぱねられてしまった。けれど、「自然こそ最良の遊び場だ」という私たちの考えを、織田氏と区役所側に伝えたことは、そのときは予想だにしなかった大井埋立地の問題の折りに非常にプラスになった。ちなみに織田さんの息子の純一君は、二年後に「小池しぜんの子」に入会して、今は自然観察会のサブリーダーを務めている。

この話し合いの経過は会報九号と十号にくわしく掲載された。少しずつ「小池しぜんの子」は、子どもと若者だけの集団から、親もふくみこんだ多層の集団へふくらみつつあった。定例の自然観察会も、新しいリーダーの努力で、まず順調に行われていた。こうして四十九年が暮れた。

5 大井埋立地との出会い

〈埋立地〉と渡り鳥

昭和五十年が明けて、一月二十日にリーダー会議をした。当日は年間計画を立てることと夏休み合宿をどこでするかに議論が集中した。新しいリーダーたちは、たいへん意気ごんでいて、今年から観察会もほぼ毎月開くことに決まった。私は観察会のほうは若い人たちにまかせる気分になっていて、その席で、できるだけ会員の母親の動きが伝わるように努力した。しかし生活感のない学生たちに、どこまで理解されたかは疑問であり、これは私自身の宿題となった。

二月の景信山の観察には、私のほかに二名の父母が参加した。富士の合宿以後、こうした親の参加が毎回ちらほらあった。前日に雪が降って、奥高尾の山並みは白い冠におおわれていた。たいていの子どもが一回は滑って転んだ。わざと転ぶ子も多かった。だれもけがはしなかったが、こういうときほかの親が同行していることは、代表の私にとっては心の安らぎであった。この日はまた電車内での行儀の悪さが目だった。小学校の四、五年生がとりわけ度を越す騒ぎで、私は怒りながら車内から姿を消したくなった。そのくせ日常では校庭や路上で、野球やバレーボールなどのスポーツ以外の体を張っての遊びはほとんど見られない。皆、数人ずつ固まってもそもそ喋っていることが多い。もしかしたらこの子たちは、ふだんは風船の中の空気みたいに目に見えない袋に押しこめられているんじゃないか。明確な管理者がいないとき、風船に開いた小さな穴からとめどなく飛びだすのではないか……。コンクリートのスケート場や鳥カゴのキャッチボール場で、子どものエネルギーは発散しきれるはずがないから。私は憂うつだった。

同じころ――。

日付は記憶にないが、新聞の片隅にあった記事に目が引かれた。大田区と品川区の地元の埋立地に、たくさんの渡り鳥がここ数年飛来するようになった、日本野鳥の会の会員が調査中である、という内容だった。短い記事が変に頭に焼きついて離れなかった。〈埋立地〉という殺伐な響きと、〈渡り鳥〉という詩的なイメージの奇妙な組合せのせいだったろう。

私は市田則孝さんに電話をかけた。

「埋立地に来る渡り鳥って？」

「えー、カモとかカモメとか……」

「そこに行けば、いつも見られるの？」

「見られますよ。四月ごろまでは」

「じゃあ、行ってみようかしら。どうやって行くのか教えてください」

市田さんは電話の向うで一瞬絶句した。それから反対に、私のほうに質問した。

「いつ、いらっしゃいますか？」

「そうね」と私は思案した。「二月の中ごろ」

「じゃあ、ぼくがご案内しますよ。プロミナもあると便利でしょうから」

「どうもありがとう」

私はほくほくした。日本野鳥の会の研究員にガイドしてもらえればいうことはない。一人ではもったいないから同行者をつのることにした。

二月二十七日の午後。私たちはモノレールの流通センター駅で市田さんと待ち合せをした。リーダーの女子学生一人を除いては、八名全員が母親で、「小池しぜんの子・母親観察会」という趣である。小雪が今にも散らつきそうな灰色の日だった。埋立地の見学には雰囲気が合いすぎていて、皆何となく冴えない顔をしていた。オーバーの上からマフラーを巻きつけるという寒さのせいだったかもしれない。しかしヤッケ姿のスマートな市田さんが、さわやかな笑顔でおりてくると、現金なもので皆すっかり活気づいた。幅五十メートルほどの長い大和大橋を渡った。橋の下には運河が潮に引かれてゆったりと動いている。水は思ったより透明である。右方の羽田空港から模型のような飛行機が飛びたつ。カモメが数羽翼のへりをきらめかせながら、川面を旋回している。橋を渡り終えると、見わたすかぎり褐色の荒野であった。それが私たちが大井埋立地に足を踏みいれた、最初の瞬間だった。

地面はかなり凹凸が激しく、コンクリートの塊がどかんと落ちていたりするので気がぬけない。ときどきひび割れた地表から、白い塩分が噴きだしている。草におおわれているせいか、造成したばかりの埋立地ほどの凄惨な印象は受けなかった。その代り歩いているうちに、自分の居場所がさっぱりわからなくなった。市田さんが電話口で絶句した意味に、遅ればせながら気づいた。私一人だったら、完全に迷児になっていただろう。私たち以外はだれの姿も視野に映ってこないのだ。"The Waste World" という言葉が頭をよこぎった。『荒地』の詩人T・S・エリオットの心象風景は、こんな場所ではなかっただろうか。

短い草がしだいに背丈の高いアシに変わっていく。靴の下に湿り気を感じる。何万本ものアシの茎が直立し、風が吹くとさやさやと優しく鳴った。金色のすだれを分けて、市田さんとプロミナが進んでいく。ふいにアシ原が消えて、水面がぽっかりと現われた。岸辺と中州に黒い石を並べたように、池の中央には綿雲の塊のように、鳥たちがいた。市田さんは物慣れた動作でプロミナをおろし、観察の準備をし

当時の大井埋立地

ていた。私は初めて見る光景に呆然とした。鳥は五千羽ぐらいいるように見えた。ときどきグワッグワッとかピリリピリリとかギィーなどと鳴き声が流れてくるが、どの鳥がどの声を発しているのかはわからない。黒いのがカモの仲間で、白いのがカモメの仲間だろうとは見当がついた。それにしてもここはほんとうに東京なのか。私たちの住む大田区のはずれなのか。だれかの夢が投影された鏡の中の風景ではないといいきれるのか……。

同行の母親の感想文より（原文のママ）

2月27日　水鳥の観察会を〃野鳥の会〃の若きプリンス市田先生の御案内で、総勢10人程で行って参りました。

自然の観察と申しますと遠くの山野まで行かねば……と思いがちでございますが、あまりの身近な所に知られていない鳥の生息地のあるのにびっくりいたしました。

流通センター前で下車しますと、巨大な倉庫やビルが建ち並び、すぐそばからは寸分をおかずジェット機が飛び立ち、茫漠たる砂漠を思わせる荒地が続き、これが同じ都下とは思えない白茶けた所でしたが、そこはもう春たけなわでひばりがすずめと同居しながら巣造りのプロポーズ、空高くさえずり乍らはばたいておりました。

運河に渡してある立派な橋を渡りますと、水たまりがところどころに見受けられ、せきれい、かも、ねずみ、はしぶとからす等の足跡が見受けられました。

「これは水かきがあるのでこがもの足あとです」

「こがもはかもの子供ですか？」

「いやー。全然種類の違うもので、こがもの大人もこがもです」

「これははしぼそからすの足あとです。市街地にははしぶとからすの方が多いんですけどね――」

大根足自称の私は足太からす、足細からすと勘違いしたが、こんな単純なミステークもたのしい思い出として残ることでしょう。（後略）

このユーモアにあふれた文の筆者の鵜沢睦子さんは、当時大学生を頭に三人の娘さんを持つ肝っ玉母さんで、神奈川県に引っ越していかれるまで私が何かにつけて頼りにした方である。

よみがえった野鳥の生息地

渡り鳥との初体験もさることながら、この日一同が仰天したのは埋立地の広さだった。広さの全貌を把握できたのは、最後に市田さんが私たちを工場移転用地である京浜島と大井ふ頭のあいだにかけられた京浜大橋の上に立たせたからだ。私たちの足の下には曇天を映した灰色の京浜運河があり、視界の先で東京湾に開いていた。その左岸全部が大井ふ頭と名づけられる埋立地であった。橋の上から眺めた大井埋立地は、褐色にかすんでいて、ところどころで水面がガラスの破片のように光っていた。

私たちが訪れた大井ふ頭その一は、東京湾の埋立地としては最大だが、将来開通予定の運河がまだ掘られていないので、さらにその二と接続している。その一、その二、あわせてほぼ七・九平方キロメートル。たえず隣家の様子を気にしながら暮らしている私たちにとっては、まさに宇宙規模の広さに見えた。あとで話しあったところ、同行者の全員が〈ここで子どもを思う存分走らせてみたい〉と考えたそうである。

市田さんが案内してくださった池は、その一の南側にある通称〈バンの池〉であった。ほぼ十四ヘクタールというから、日比谷公園をやや狭くしたぐらいである。この池の水は雨水だから淡水である。その一とその二の境の運河予定地にできた九ヘクタールの〈汐入池〉は、海とつながっているので汽水（海水と淡水の混合による低塩分の水）であった。二つの池の北側に、湿地状の池がもう一つあった。これは国鉄用地なので立入りができないが、淡水池らしい。もともと埋立地は、何かを建設する用地として造成されたのだった。本来ならば、こんな所に雨水が溜まってしまうことなどありえないことで、埋立地としては一種の欠陥なのである。でもこの欠陥ゆえに、この人工の〈国〉は、野鳥へのすばらしい贈物になったのだった。

戦前の東京湾は、有数の野鳥の渡来地だった。全国のシギ、チドリのほぼ三分の一が集まっていたし、今は関東では幻になってしまったマガン、ヒシクイ、サカツラガンもたくさん飛来してきた。森鷗外の『雁』に描かれた情景は、事実なのだった。戦後、埋め立てが盛んに行われると同時に、渡り鳥は休息できる干潟や湿地やアシ原を失って、昭和四十年代になると、ほとんど姿が見られなくなった。市田則孝さんは、野鳥観察を始めた昭和四十年に、東京湾でマガン十六羽を目撃したが、これが最初で最後だったそうだ。

大井埋立地はほかの場所にくらべると比較的遅く、昭和四十二、三年ごろに造成された。利用目的は様々であるが、野鳥生息地となった南部一帯は総合卸売市場の移転用地として区分されている。(東京都港湾局発行の地図から) この大井市場 (仮称) は、実は農水省と東京都が二十年前に計画し、港湾審議会などの承認も受けていたのだった。東京の人口が先行きふくれあがることを見越して、都内に分散している築地・神田・大森・荏原・蒲田の五卸売市場を大井埋立地にまとめて移転させ、大規模な流通基地にしようという考えであった。

しかし野鳥をはじめ生物たちは、そんなことは知らなかった。知ったとしても、それは人間側の一方的な論理にすぎない、と言うだろう。東京湾は昔は多くの生物に所有されていたのだから……。それにしても自然の回復力は私の想像をはるかに上まわっていた。草一本も生えていなかった埋立地に緑がよみがえり、新しい生命がやってくるまでに五、六年しかかからなかったとは！　私たちがこの日、市田さんとともに見た自然は、野鳥生息地全体のほんの一部にすぎなかった。〈バンの池〉からコミミズクの出没する丘を越え、チガヤの草原を渡って十五分ほど歩くと〈汐入池〉がある。ここには淡水のカモ類やカモメ類の

当時の大井ふ頭の略図
(『朝日新聞』昭和50年6月12日紙面)

ほかに、海が荒れた日などは特にスズガモやキンクロハジロなどの海ガモ類でにぎわう。またこの池の岸辺に立つと、遠く赤いキリン――品川のコンテナふ頭のクレーンが立ち並ぶのがよく見える。汐入池の南側には三五〇メートルほどの城南大橋がかかり、その真下から海に向かって、干潟が広がっている。今は乱獲されてあまり見つからないが、埋立地に通いはじめたころはちょっと手で掘っても、太ったアサリが景気のいい宝探しのように出てきたものだ。潮の退いた泥の表面には無数の穴があいている。米粒ほどのはゴカイの巣だが、少し大き目のはカニの巣である。種類によって穴の大きさもちがうが、波打際から後背地のアシ原の内部まで七種ほどのカニが生息域をすみ分けている。干潟暮らしのこれら小動物は、くちばしの長い鳥にとっては大ごちそうだ。サギの仲間は常連だが、春秋には城南干潟はシギ・チドリの旅鳥でにぎわうのである。

もちろん二月のあの寒い日に、こういうことを全部見たり聞いたりしたわけではない。私たちが野鳥観察の合間に市田さんから聞いたのは、昭和五十五年にはバンの池は埋め立てられ、周辺は整地されて市場が建ってしまうという話だけだった。そのほかは、私たちに野生の鳥たちがどんなに魅力的な生きものかを、魔法のレンズをとおして確認させてくれただけだ。くわしいことは、帰ってから妙に気になって東京都の港湾局に問い合せをしたり、自分で埋立地を歩きまわるようになって得た知識である。一見、いかにも都会育ちの青年らしい市田則孝氏は、思えばたいした仕掛人だった。この観察会こそ、大井埋立地に自然の公園をつくる長い長い運動のきっかけになったのだから。

私は半ば夢見心地で、わが町上池台に戻ってきた。自分の住む変哲もない生活の場から、たかがバスで三十分ほどの距離に、数千羽の渡り鳥が生息している。人工のくせに非人間的、荒々しいが異様に美しい風景が存在している。いわばそのときから、大井埋立地は私にとって日常と非日常の境目として現われたのであった。〈都市〉と〈自然〉という矛盾している要素が、埋立地の中では難なく一つに溶けあっている。そういう意味でも、現代の埋立地は今までに類例のない〈新しい国〉なのだった。

野鳥が群れ、アシ原を海の風がそよがせ、草原をモンキチョウが飛び、干潟をカニが這いまわっても、あそこは都市の感覚にあふれている。それは遠望するコンテナふ頭や火力発電所や離着陸する羽田の航空機のせいばかりではなかった。埋立地自体の成立がそこに内蔵しているものだった。もしかしたら、と私はきわめて非論理的に感じた。都市は自然なのではあるまいか。溶けあっている矛盾そのものが、現代のあるべき姿なのではないのか……と。

大井埋立地・汐入池方面を望む

（日本野鳥の会提供）

こんなことでもなかったら都政に関心もたない

帰って一ヵ月ほどして参加者を中心に話し合いを開い

た。大井埋立地に行った全員が、あそこを「小池しぜんの子」の観察会の場所として利用すべきだという意見だった。

「あんなに近くて、いろいろな生物が豊かにいる場所はほかにないと思うわ」

「遠くの自然もいいけれど、足もとの自然をまず子どもに見てもらいたい」

私ももちろん異存はなかった。それから話は大井埋立地の行末に移っていった。私がそれまでに調べた市場移転の計画について説明をした。

「野鳥のすみかを残してほしいという要望書を出しましょう」

ＰＴＡでいつもずばり発言をする富田さんが言った。

「それなら署名をつけたほうが効果があるわよ。ほら三丁目公園のとき、やられたみたいに」

と小沢さんが提案した。

ほかの人も口々に賛成したので、私は要望書の文案を書くことになった。私たちの頭の中では、三丁目公園の問題で失敗して断ちきられた回路が、大井埋立地の問題にしぜんにつながってしまっていた。しかし回路がつながったのは、決して全ての人ではなく、全体の三分の一程度の人数だったから、勝手に推し進めるわけにはいかない、と私は思った。要望書案を、意見のある人は知らせてくださいと付記して、「小池しぜんの子」に加入している全世帯に回した。面倒でもこういう手続きは大切にしたいと考え、以来十年、運動に区切りがつくまでこの方法はくり返された。二、三の電話口でのやりとりはあったが、だれも反対をする人はいなかったし、皆後ろから代る代るボートを押してくれるということだった。ところが文案は決まったものの、公式の要望書の書き方がわからない。せっかく作ったのに受理されなかったらたいへんだ。このとき、公園課長と私の家をたずねてきた織田区議のことを思いだした。こういうときにこそ、われらが地元の代表を利用すべきである。私はさっそく織田家を訪問して、ちゃっかりと書式その他署名用紙などの必要事項を教えてもらった。

五月中旬、全世帯に署名簿を配って一ヵ月後に回収したら、一一〇四名集まっていた。これが多い数字なのか、少ない数字なのかさっぱり見当がつかないが、とにかく市田さんに報告かたがた連絡をした。

「え？　もう集めたの？　早業だなあ」とびっくりしている。（自分が火をつけたくせに……）

「どこへ持っていけばいいの？」（なにしろ初体験ですから）

「そうですね、まず紹介議員になってくれる方を探して、その人の署名と判をもらう。それから都庁と区役所に行って、議会の〈請願〉を受けつける窓口で手続きをしてもらうんです」

「要望じゃなくて、どうして請願なのよ」

「要望だったら、ただ〇〇をしてほしい、っていうだけでしょ。請願のほうはちゃんと議会を通して返事をもらうんです」（さすが、野鳥保護運動のベテランだなあ）

「そりゃ請願にしたほうがいいわ。たしかな証拠になるもの」と言いきったものの、生来忙しいことの大きらいな私の胸に、一瞬後悔めいた思いが横切ったのも事実である。しかしボートはもう岸辺を離れていた。大井埋立地の野鳥や小さな生物とともに「小池しぜんの子」の全員が乗船しているボートだった。けっしてノアの箱舟みたいに頑丈《がんじょう》な代物ではないが、漕ぎだした以上転覆したくはなかった。用意周到に進むほかはない。

『大田区地先渡り鳥飛来地に関する請願』

私たちの住む大田区は、東部地区において東京湾に面しておりながら、羽田空港、京浜二区・三区・六区、大井ふ頭などの埋立地に隔てられ、沿岸生物を含む海洋としての自然には全く接する機会がありません。また東京都が予定している海上公園計画の中にも、そのような自然的な公園が、大田区地先にはほとんど含まれていないことは誠に残念なことであります。

ところが三年ほど以前より、大井ふ頭その一の南部に、数ヘクタールの水たまりが生じ、カモ類、シギ類、カモメ類など多数の渡り鳥が飛来するようになりました。現地はアシの茂る湿地で、渡り鳥の絶好の休息場所であります。聞くところによれば、五十五年までに現地は流通用資材車輌置場その他の利用に供せられる由ですが、私たちはこの湿地を海上公園計画の中で、自然観察園として残し、そこに飛来する渡り鳥を現状のまま保護していただきたいと思います。

水鳥の棲む自然観察園は、大田区およびその周辺住民全ての憩の場として利用されるとともに、児童の貴重な理科教育の場として役立ちます。また日本政府と諸外国間に締結されている国際渡り鳥条約の主旨からみましても、水鳥の生息環境はぜひ保存されるべきであると信じ、切に要望する次第であります。

小池しぜんの子
世話人　加藤幸子

昭和五十年□月□日

東京都（大田区）議会議長

□□□□殿

それから私たちはバタバタと駆けまわった。動きはじめると後悔は去り、未経験のことに挑戦する面白さのほうが先立った。

区議会のほうは、もちろん織田議員が罪ほろぼし？もかねて、いろいろ骨折ってくださった。「こういう問題は、超党派で進めることが大事ですから」と自ら他党の議員諸氏に依頼して、楽々と紹介議員の名がそろった。

都議会のほうはそうはいかない。議員名簿を見ても、名前も知らない人がずらりと並んでいる。

「こんなことなら、もっと都政に関心を持つんだった」

「いや、こんなことでもなかったら、都政に関心なんか持たないわよ」

皆、わっと笑ったが、実際にそうなのだ。観念的には政治についてもあれこれ意見をのべることもあるが、自分の意見を政治に反映させようなどとは考えもしなかったし、そうする機会もなかった。そんな面倒なことをしなくても、日常生活は平穏に流れていくことができる。政治が生活と交叉するのは、数年に一度の選挙の日だけである。このお祭りが過ぎれば、生身としての政治はふたたび私たちから遠ざかっていく。私たちの政治意識が低いのか、それとも政治がだらしがないのか、たぶん両方だろう。

人見知りする私には、今まで縁もゆかりもないと思っていた人々を訪問し、請願の主旨を説明し、紹介議員として名を連ねるようお願いすることはかなり苦痛を伴う仕事だった。行をともにした仲間の母親たちがいなかったら、一人か二人でお茶を濁していたかもしれない。大田区出身の自民、社会、公明、共産各党の議員氏四名が承諾してくれたのは、心細そうな代表の私を取り囲む彼女たちの熱心な態度のおかげである。

東京湾を取り戻す

そのころ、思いがけない連絡が都の公害監視員の日岡さんという方から入った。東京港の現状と将来についての計画を、都港湾局から説明してもらう集まりを持つことになったので「小池しぜんの子」からも出席してほしいという話である。何というタイミングのよさであろう。私は喜んで浜松町の船員会館で行われた会に出席した。ざっと三十人ばかりいる参会者の中には、すでに野鳥の会をとおしておつき合いしていた堀越保二さんや、当時、大学生だった増田直也さんの顔もあった。また「帰ってきた海を守る会」の高木利忠さんも出席していたというが、互いに親しくなるのはもっと先のことになる。

この会は市民参加を建て前にしている美濃部都政らしく、港湾局側二人の職員の説明も具体的でわかりやすかった。とくに後から壇上に立たれた樋渡《ひわたし》達也氏は、髪の毛を額にばさりと垂らし、切り口上ではない穏やかな話し方で、私の考えていた役人のタイプとはまったくちがっていた。主に都が計画している海上公園について語ったのだが、人の精神的風土としての海を根底にすえた話であった。水鳥についても東京湾には約二万三千羽、全国の三十%が集まるなどと言及したのが印象的だった。控えめではあるが、説明の端々に、海と海辺の生物に対する愛情が感じられたので、だいたいお役人や議員さんはカチカチ頭であると思いこんでいた私は少しびっくりした。

また同じ席で、東京都の海上公園について、くわしく知りえたことは収穫だった。これによって私たちは、大井埋立地の自然を海上公園の一部として保存されるように位置づけることができたのだった。海上公園構想は、美濃部都政下の昭和四十五年に東京湾を〈都民の海〉に取りもどすために決定された。これまで物資の流通基地、廃棄物処理場、産業開発地としてのみ利用されてきた臨海部(埋立地)の役割に、質的な大転換がもたらされたのだ。

構想はだいたい次の四つの区分の計画へまとめられ、四十七年から実際に着手された。

①海の自然環境を保全し回復する計画
②海と陸のレクリエーションを活発にする計画
③環境のよい臨海部の街づくりの計画
④親しめる港の計画

もし大井埋立地が海上公園として転換利用されるとしたら、それは当然計画①に相当するわけだが、昭和五十年当時では自然的公園は、葛西沖の三枚洲しか含まれていなかった。しかし東京都は、この海上公園構想の中で海と海辺の自然を残そうとする姿勢を明らかに示している。これは今までの経済一辺倒の行政から踏みだした新鮮な風の息吹を感じさせ、私たちに希望を抱かせた。

六月二十六日、私、鵜沢さん、それに達筆をかわれて文章を代書した坂野洋子さんの三人で都庁に行き、署名と請願書を都議会に提出した。その足で、大井埋立地の所有者、つまり地主である東京都港湾局の部屋を初めて訪問し、担当の職員の方を呼びだしてもらった。請願書と署名簿の写しを渡し、地元の住民として意見を述べるためだった。私たちはついたてで仕切られた小さな応接室で、何十人という職員の気配を感じながらどきどきして座っていた。私は「小池しぜんの子」の代表として、うまく説明をしなければと考えたので、ずいぶん緊張していた。「どうもお待たせしました」と言いながら入って来られたのは、あの樋渡氏ではないか。渡された名刺を見ると「港湾局企画部副主幹（海上公園開発計画担当）」という肩書である。私は急にリラックスするのを感じた。説明もなかなか上手にできて、樋渡さんはときどき微笑すら見せた。それに、何となく私は彼がもう私たちの行動を知っているような気がした。その上で改めて聴いているような余裕が感じられる態度だった。必要もなかったから確かめたわけではないが、行政関係の人々、つまりお役人たちは、情報の聞き耳頭巾を持っていてもそれをめったにはもらさない。そのことに気づいたのは、運動も中ほどに達してからである。でも樋渡氏とは、今後たびたび話し合いを重ねることになるだろうと直感し、それは事実となった。

同じ日に私たちは都知事室、建設局公園緑地部長室、公害局自然環境保護部長室にも立ち寄って、同様の資料を置いてきた。公害局は都庁からはみ出して、有楽町駅前の電気ビルの中にあるが、私たちは経験者の市田さんの勧めを素直に聞いたのである。体も心も慣れない場所を行き来してすっかりくたびれてしまったが、全ての予定を終えて、夕暮の街路に出たときには三人とももう半ば目標を達成したような気分になっていた。この日から十年近く、これに似たようなことを限りなくくり返すことになろうとは知る由もなかった。

都議会・区議会で採択されたけれど

次の区議会は秋に始まるので、しばらく待つようにと織田氏に言われていた。都議会からは、請願は住宅港湾委員会に付託されたと通知が来た。こちらはもっと早く開かれるらしい。しかし待ちに待った結果が出たのは、九月十六日の委員会であった。意見つきで採択と決定されたのである。あい変わらず政治的反応の鈍い私は、こういうときには予《あらかじ》め連絡があるとばかり思いこんでいたので、早耳の市田さんから翌十七日に電話がかかってきたときには飛びあがった。

「おめでとう、採択されましたね」

「え？　ほんと!!」というわけで、その日は「小池しぜんの子」の会員の電話回線ははちきれそうだった。

「よかったわ。これからどうするの？」

「おかげさまで。でも、ほんとにどうするんだろう!?」

まもなく正式の通知(住宅港湾委員会請願審査報告書)がきた。次のような意見がついて、通過したという内容だった。

(意見)

埋立地の土地利用計画と十分に調整のうえ、海上公園整備の一環として、請願の趣旨にそうよう努力されたい。

九月十六日

住宅港湾委員長

砂田昌寿

東京都議会議長

醍醐安之助殿

委員会を通過した請願は本会議に回される。私たちの提出した『大田区地先大井ふ頭その一南部の渡り鳥飛来地の保全』に関する請願も、無事十月十日の都議会でも採択され、執行機関(知事)に送付された旨の通知が来た。

次いで大田区でも十月二十八日の建設委員会の意見つき採択を経て、十一月二十日の定例区議会で承認された。区議会の意見は、都議会のものよりもっと積極的な姿勢を示して私たちを喜ばせた。

（意見）

大井埠頭そのⅠ・Ⅱについて、現状の自然環境をまもるよう努力されたい。

十月二十八日

建設委員長

若林克弥

大田区議会議長

小宮岩雄殿

実は都議会で気づかぬうちに通過してしまったことを反省して、区議会の建設委員会には議題となった二回ともしっかりと傍聴に行った。直接議題に関わりのある傍聴人がいると、議員諸氏はたいへんはりきるということがよくわかった。三人の議員氏がこもごも立って熱心に質問や意見を発表したが、必ずしも核心をついた内容ではなく、私は少しいらいらして聞いていた。でも委員会全体の雰囲気は、大井埋立地に大規模市場が来ることをいやがっているように思えたし、結果的には私たちに味方をする意見に落ちついたので、まず満足して帰ったのだった。これ以後、何回となくいろいろの場で議員諸氏の発言や話を聞いたが、例外的な人物を除けばいつも同じような調子だった。とうとう私は結論した。日本で議員になる資格の一つは、論旨があいまいであることである、しかも聞き手に自分が味方だと解釈できる気分にさせて立ち去らせることだ、と。

これらの数ヵ月にわたる母親グループの活動は、朝日新聞に大井埋立地の自然の紹介とともに記事にされ、未知の方々からも励ましの電話やお手紙をいただいたりした。請願書作りから署名提出まで思いがけぬ多忙の時を過ごした私も、請願の結果が一段落したので生来ののんびりムードに戻っていた。あとは知事が議会の決定を受けて、市場の計画を中止することだけだ。大井埋立地の野鳥の安全は保証され、私たちは末永くそこで自然観察を楽しむことができるだろう。私はふんわりしたばら色の雲に乗って、そのときが来るのを待っていた。

一方、若いリーダーによる定例の自然観察会は、だいたい順調に計画どおり進んでいた。しかし人間関係から見ると、私を中心とする母親層と学生を中心とする若者層は必ずしもしっくりとはいかなかった。地方出身者の多い彼らが、このごろえらく地域活動に打ちこんでいる私たちと話が合わなくなってきているのを感じた。観察会と自然保護運動を「小池しぜんの子」の両輪とすれば、これは単に世代の差として片づけられないことだった。もっと若者たちのほうにもよりそって、親身の話し合いをしなければならない。夏が終ったら……。

この夏の合宿は、当時のリーダーの半数の故郷であり、それゆえに準備の容易な茨城県の奥久慈《くじ》青少年の家で行われた。参加した子どもは二十人で、リーダーの数は地元参加者も含めると十六人に及んだ。久慈川周辺の穏やかな風光は、前年の富士山とはまたちがう楽しさではあった。しかし人手が多いことはある面では楽なのだが、共通の目標を見失う恐れもある。この合宿はその点で「小池しぜんの子」と自然観察についての認識が全リーダーに浸透していなかった。リーダーの一人一人は誠意と知識にあふれていながら、全体的にかなり散漫な印象だったのはそのせいであった。私は、夏休み合宿以後の活動に期待をかけた。リーダーグループと母親グループの疎遠感を小さくするために、会報にリーダーのページを設けた。また従来のような母—子—リーダーの縦の関係のみで結ばれるのではなくて、互いに横の関係にも広がるような機構に変えたほうがいいと考えて、十月のリーダー会では次のような改革案を提案した。リーダーたちも賛成してくれたので、私はこれも会報で報告した。

（機構改革案）

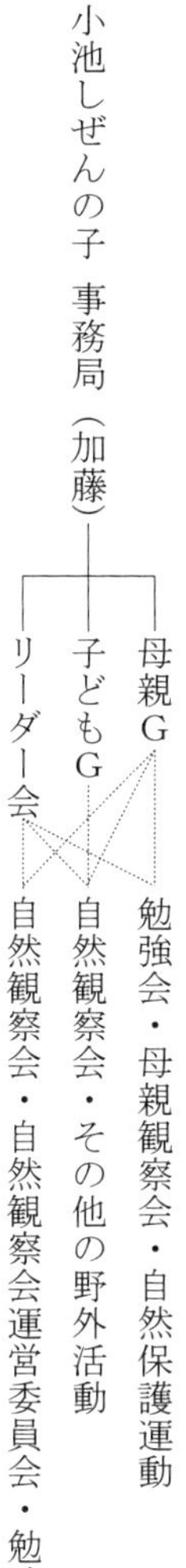

この形がうまく機能すれば、各グループ同士の交流が円滑になり、母親Gの問題もリーダーGの問題も、自然保護運動も、皆が自分のこととして相談しあえるようになるだろう、と私は希望を持った。

しかしこの改革の主なポイントであったはずの、十一月の第一回運営委員会に現われたのは、荻谷洋行リーダーだけだった。若い人たちが何を、どうやりたがっているのか、私は無口な荻谷君から引きだすことはとうとうできなかったのである。

6 大井埋立地の自然の仲間たち

美しい五月、セッカは息を切らせのぼる

その年の五月三十日、第二回目の母親観察会を開いた。大井埋立地で長く野鳥観察を続けていらっしゃる堀越保二さんに講師をお願いした。と言っても名ばかりで、実際にはリーダーと同じくタダ働きの講師であるが……。日本野鳥の会の市田さんに聞くと、堀越さんは大井埋立地の大ナマズ、つまり主《ぬし》だそうだ。ぜひお目にかかりたいと思う一人だった。待合せ場所にしたモノレールの流通センター前駅に現われた堀越さんは、やはりナマズのように色が黒くて、タカのように鋭い眼をした方だった。繊細な筆づかいを生命とする日本画家という職業柄、きっと神経がピリピリした人にちがいない、と私はいくらか怖がっていた。しかし初対面の印象は、のちに少しずつ私の中で訂正されていき、今では堀越さんと聞けばたちまち腕白少年のなれの果て？を想像する始末である。でもそのときは、そん

なこととは知らなかった。堀越さんといっしょに、一見助手ふうの長髪パーマの青年が、これも陰気っぽい表情で立っていたせいもある。彼はまだ大学生の増田直也さんだった。二人とも泥まみれの長靴をはき、かなり使いこんだ望遠鏡をかついでいた。

快晴に恵まれた大井埋立地は、二月の前回とちがってカラー写真のように明るかった。その後二〇〇回以上もここに通い続けた私の結論でも、大井埋立地でもっとも美しい季節は五月である。

湾岸道路に面した埋立地の入り口からバンの池周辺の湿地帯にいたるまでは、いちめんのチガヤ草原が広がる。緑のリボンのように絡みあった葉の上に、背の高い穂がまっすぐ伸びている。初めは赤褐色で硬いが、やがて成熟すると白い綿毛におおわれて、リスのしっぽのようにふわふわになる。この五月の観察会でも、小さな軽い実をつけた無数のパラシュートが、風が吹くたびに私たちの周りを乱舞したのだった。

青いガラス器のような空に、ヒバリの歌声が鳴り響いていた。鳥自身は黒いゴマ粒ほどにしか見えないが、鳴声はガラスを割りそうなほど大きい。さえずりながら両の翼を激しく動かし、鳴きやむと糸が切れたようにすーと落ちてくる。ヒバリは昔、東京にまだ麦畑があったころ、だれにでも知られていた鳥だった。でも当日のフィールドノート（野外で観察した鳥などの生物を記録するノート）には、そのほかの初対面の鳥の名もずらりと並んでいる。セッカ、コチドリ、シロチドリ、カルガモ、カイツブリ、コアジサシ、オオバン、バン、ウミネコ、オオヨシキリ、コサギ。初夏の野原と水辺ならまちがいなく観察できる鳥がせいぞろいしていたわけだ。シギの名がないのは、見わけ方のむずかしいシギ類を初心者に見せても退屈するだろう、という堀越さんの配慮だったかもしれない。

私がいちばん面白かったのはセッカだった。記録を読むと「セッカはヒッヒッと息を切らせながらのぼっていき、チャッチャッチャッと舌打ちしながら降りてくる」と書いてある。スズメより一まわり小さい鳥だが、このようにまったくちがう二色の声を持っているのだ。ヒバリのように複雑で美しいメロディが歌えないので、こんな奇妙な鳴き方を発明したのだろうか。どちらにしても、なわばり宣言とラブソングをかねているのだろうけれど。セッカは草原に生息して、オスはチガヤの葉をクモの糸などでつづり合わせて巣の外装を造る。半分できかけた巣にオスはメスを例の声で誘いこんで、今度はチガヤの穂で内装を造る。だから草原をふりこのように飛んでいるのは、「すてきな家ができてるよー」と、メスに見せびらかすディスプレイだと言われている。一羽のメスを獲得すると、オスは続いて新しい巣の建築にとりかかる。鳥の世界でもプレイボーイは、まめまめしいのが特徴である。

またノートには、今は大井埋立地から姿を消してしまったハマヒルガオが咲いていたことも記されている。厚ぼったい丸い葉とピンクのじょうご型の花の絵もちゃんと残っている。ハマヒルガオは、海岸の砂地に這うように伸びるヒルガオ科の植物だが、埋立地の塩分がぬけていくに従って滅びていった。同じ運命をたどった植物には、埋立地の秋を紫に染めあげていたウラギクがあった。栄枯盛衰は自然界のつねである。当時何気なく記載していた動植物や野鳥の名前や生態が、何年か後に、埋立地の自然の変遷を知る重要な手がかりになっていった。

まず感じてから考える

その日の午後は大森の町に出て、東京ガスの集会室を借りて参加者八名が堀越・増田両名と情報交換をした。堀越さんはそれまでの自分たちの活動や都の動きをくわしく教えてくださった。一方、大井埋立地の自然にじかに触れた直後の興奮のせいか、母親の側からも感想があふれるように出てきた。

①小学校の遠足にいい場所だと思った。
②小中学生の理科の実物教育に利用してもらいたい。学校教育の年間カリキュラムの中に入れてもらおう。
③一般の人々に大井埋立地の自然についてもっとPRしたい。銀行のロビーで写真展をしよう。
④人が知って大勢集まるようになると、今度はその圧力で自然がこわされてしまわないだろうか。のびのび自然と親しみながら、自然を大事にする公園にしたい。目黒の自然教育園を参考にしたらいいと思う。少しでも入場料をとったほうが、大事にしなければという意識を起こさせる。料金は都の収益にしたらいい。

①と②は、大井埋立地の自然を自然の好きな一部の子どもだけに意味あるものと限定せず、全ての子どもに価値ある大切な環境であるとする開放的な考え方から発している。③もまた一般の人に身近

な自然再発見を促すものとして、私たちの始めた運動の方向と一致するものだった。④はもう自然の公園ができたつもりになって発言しているのがおかしいが、十年後の現在ではこの問題がいちばん切実になってきている。なお自然教育園は港区白金にあり、国立博物館の付属施設で、都心にもかかわらず、ほぼ二十ヘクタールの敷地にうっそうとスダジイなどの原生林が生い茂っている。自然保護のために入場者の数は制限され、決まった園路しか通行できない。私は静寂に包まれた園内を散歩するのが好きで、ときどき心が疲れると出かけていた。春から秋にかけては保存された武蔵野の風景を楽しむことができるし、冬には都内で珍しいオシドリの華麗な姿が見られる。

こうして地元の方々とも知りあった結果、私たちは自然保護運動により深く巻きこまれることになった。と書くといかにも無責任な言い草だが、ほんとうなのだから仕方がない。最初から主義主張があって、それにそって一直線に道を切り開いていったわけではないのだ。出発点は大井埋立地に出会ったあの寒い冬の日だった。そこに何千羽の渡り鳥を発見したときの新鮮な感動だった。その感動は自分一人の胸にしまいきれないほど大きかったし、こんな所になぜ?という好奇心もたっぷり持ち合せていた。調べていくうちに、この鳥たちのすみかがまもなく握りつぶされることがわかった。そのころには通い慣れていた埋立地の生きものは、単なる観察の対象物ではなくなっていた。鳥や虫や魚やカニは、私たちと大井埋立地の自然を共有する仲間だった。彼らは私たちより以上に、生きるためにそれを必要としていた。たぶん私たちがしたことは、外側からは運動と呼ばれたが、自然の仲間たちへの当然の救援活動にすぎない。そしてもちろん、私たち自身も子どもたちも、そういう仲間の一員である。まず感じてから考えることはできるけれど、考えてから感じることは不可能ではないだろうか。私たちは自然保護運動に熱中はしたが、始めから終りまで、自然との交流を忘れたことはなかった。運動はどんなにりっぱに見えても派生的な枝にすぎない。本来の幹の部分は、自然と人とのときには優しい、ときには厳しい関係である。

大井埋立地のやわらかい春の日射し、照りつける真夏の太陽、風がさざ波をたてる水面、横なぐりの雨、野菊の彩る海辺、都内とは信じがたい雪景色を私は、ヒト以外の小さな仲間と共有してきた。二人の娘と、観察会の人々と、たった一人で……。壮大な大自然とはいいがたく、人工の土地によみがえった二次的な自然でありながら、その多様性のみごとさにはいつ行っても目を見はる思いである。そして行くたびに私を裏切ることのないこの安らかな気分はどこから来るのだろう。私がしばしば意図的に生活の中に持ち帰るこの安らかさこそ、大井埋立地が私に与える最大の贈り物だ。

市田則孝さんと鳥を見に行った一ヵ月後、私は久しぶりに大きな買物をした。レンズを通して眺めた鳥の世界が忘れがたかったからだ。七倍の双眼鏡でも慣れれば識別の役にはたつのだろうが、二十五倍に拡大された鳥の姿や色彩の美しさや、仕草の面白さには抗うことはできなかった。当時の私の収入は、週何回かの家庭教師の給料だけだった。同人雑誌にときどき小説を書いていたが、作家になってそれでお金をもらえるなどとは夢に見さえもしなかった。夫はあい変わらずの仕事人間で家事はだれかさんのすることだと思いこんでいたし、観察会や自然保護の活動は広がる一方だった。他人には口外しなかったが、私は自分で一つの原則を立てていた。家族に関係のない事柄にかかる費用は、自分で作ること。たとえば同人費や掲載印刷費、「小池しぜんの子」や保護運動の資金については、家計の負担にしない。夫に申し渡されたわけではないが、いわばこの原則は私の自立心のぎりぎりの表現だった。私はこのささやかな収入で、プライドを保つほか方法がなかった。だからこの中からの、五万円某かの出費はかなり痛かったのだが、自分の望遠鏡を手に入れたときの嬉しさは、小学生のころ安物の顕微鏡を買ってもらったとき以来のことだった。私の望遠鏡は、遠くに群がる小鳥たちを引きよせて、私の鳥に変える。反対に大勢の仲間や子どもたちといっしょにいるときでも、望遠鏡をのぞけばいつでも好きなときに個の私に戻ることができる。実は望遠鏡には、こういう呪術性もあるのである。新宿駅前の安売りで有名なカメラ屋で買った私の望遠鏡は、ねじが一つとんでしまったけれどまだ健在である。でも残念ながら、私自身の体力が鉄の重みに耐えられなくなってきた。軽量の合金製に代えようか、と今迷っている。

埋立地の四季は鳥たちのファッションショー

大井埋立地の四季は、わずか数キロ離れた町中とは比べものにならぬほど鮮烈に移っていく。

冬の使者、渡り鳥のカモ類やカモメ類が遠路はるばる到着するのは十月後半だろう。長旅を終えたばかりの秋口のカモは、雌も雄も一様に地味な茶褐色の羽毛をまとっている。エクリプスと呼ばれるこの羽は、繁殖期のあとに始まる換羽の時期に、外敵から身を守るための仮の衣更えである。しかしこがらしが水面を駆けぬける二月には、カモの雄はそれぞれの種に特有の美しい羽色に変わっている。

人の集まる対岸にかたまっている大井埋立地のカモは、肉眼ではあまりはっきりと見わけがつかないが、望遠鏡が威力を発揮するときである。

大井埋立地にはコガモが多い。小型ながら赤褐色の顔に緑のサングラスをかけ、腰に黄色い三角のワッペンをつけている姿は、スキー場のヤングの出立ちだ。オナガガモは名前のとおり、尾がピンのようにとがっている。栗色の頭に黒、白、灰色、青、淡黄色の落ちついた彩りで、こちらは大人のムードである。目がギラギラして、くちばしが異様に大きいのはハシビロガモの怪鳥二十面相。アオクビとも呼ばれるマガモは、光の加減で黒にも緑にも見える頭の下の白い首輪が目印である。ヒドリガモは赤褐色の顔に黄色いベレーをかぶり、海ガモのホシハジロは、赤い顔、灰色の体、黒い胸と尾のはっきりしたデザインである。これらのカモが、ファッションコンクールのまず優勝候補だろう。こういう美しい羽色で、雄は次にめぐりくる繁殖期のために雌を引きつけてペアーを組もうとするのである。一方雌のほうは、その必要がないし、産卵育雛《いくすう》の仕事のあいだはむしろ派手な衣裳は危険である。雌たちは全体に茶色っぽく、模様も目だたない。

海岸に近い大井埋立地の水辺には、海ガモ類のキンクロハジロやスズガモも飛来する。目が金色に光る黒装束の忍者ガモである。ほかに常連ではないヨシガモ、オカヨシガモもふらりと来ることもある。

カルガモは雌も雄も見かけ上区別のつかないカモである。体は茶色いウロコ状の模様でおおわれているが、立ちあがると足が紅葉のように赤いのとくちばしの先がオレンジ色なので、ほかのカモの雌でないことがわかる。カルガモは習性もほかのカモと異なる。渡りをせずに、夏も日本にとどまって繁殖する。鳥類学者の樋口広芳さんに聞いた話では、ほかのカモが一年ごとにつがいの相手を変えるのに、カルガモは生涯同じペアーですごすという可能性も大きいらしい。

大井埋立地のカモメの仲間で、圧倒的に数が多いのは都鳥《みやこどり》と異名を持つユリカモメだ。黒っぽいカモの集団から少し離れて、水面に綿菓子のように群がっている。中には怖い目をしたウミネコやオオセグロカモメの小群も混じっているが、大半は赤いくちばしと足、泣きぼくろのあどけないユリカモメである。冬鳥として北国から渡ってくるのだが、都市の河口部に多く、「東京都の鳥」に指定されている。

氷点下の夜が明けると、池の面には氷が張っている。水鳥たちには困った現象だ。カモたちはおっかなびっくり歩きながら、ときどきつるりと滑ってしりもちをつく。水かきはアイゼンの役目はしないようである。全面結氷の日には、カモメの姿は一羽残らず消えてしまう。彼らは水上の開けた場所が好きなのだ。

テレビ朝日の「こんにちは東京」という番組の撮影の日に、大雪が降った。マイクの前に立っても、まだちらちらと白いものが邪魔をした。でも大井埋立地にあらためてほれ直した。果てしない雪原の誕生だった。風が雪を吹き飛ばした所だけ、金色のアシが露出しているほかは、真っ白の世界。生れ故郷の北海道の一部分が、東京に出現したような気がした。それ以来、雪が降ったら大井埋立地に駆けつけようと心に決めている。

二月に入ると、春をいち早くキャッチするオオイヌノフグリが、日だまりに小さな空色の花を開きはじめる。つづいてセイヨウタンポポの黄色いメダル、ホトケノザの葉のうてなに支えられた赤紫の花、黄色いあっさりした花のオオジシバリ、町ではばかにされているが、ここではなぜか可憐なハルジョオンが、まだチガヤの新芽の萌えたたぬ野原に咲く。つつましい花々だが、目を近づけて観察すれば、バラの花よりはるかに精巧で繊細な構造に心を打たれる。

ときにはチュウヒがアシ原の上空をゆっくりと飛ぶ。チュウヒはワシタカ科の一種だが、ネズミなどが主食で実際に成鳥のカモをおそうことはほとんどないだろう。けれどワシの姿をとっているだけで、カモにとっては十分すぎる恐怖である。カモたちはいっせいに舞いあがり、何百羽の群れの一羽になることで、恐怖をまぬがれようとする。

二月のある日、堀越さんと草原をかきわけて汐入池に向って歩いていた。前ぶれもなくすぐ近くから、大きな灰色の鳥がふわりふわりという感じで飛びたった。羽を広げたら一メートルぐらいありそうだが、そのわりに羽音はしなかった。「あー」と口を開いて見送っているまに、はるか遠くの草むらに没してしまった。

「あれがコミミズクですよ」と教えられた。

やはり大田区の住民である漫画家の岩本久則さんは、大井埋立地のコミミズクの真正面からの撮影に成功している。野良猫に似たきりりとした表情で、こちらを睨みつけている。私はどうしてもこういうポーズのコミミズクに出くわしたいのだが、いまだに果たせない。同じフクロウ類でも、トラフズクは、ピンと立った耳羽も赤い目玉も、童話の登場人物のようにユーモラスである。私はトラフズクには縁があって、全身正面を向いた受験用写真みたいな姿をゆっくりと眺めたが、それも草原性のコミミズクとちがって昼間は林の枝にとまって休んでいたからだ。

　チガヤ草原に綿毛が舞いあがるころ、干潟や汐入池の浅瀬をまめまめしく駆けまわる小型の鳥がたくさんいる。旅鳥のシギとチドリの仲間である。ピオピオピオとひよこみたいに鳴くのはコチドリで、黒い首輪が特徴だ。これによく似たシロチドリは、首に白い部分が多い。チドリは速足でチョコチョコ走っては地面を突つき、泥の中のゴカイや小ガニを食べている。よく大群で飛来するダイゼンは、夏羽のなごりで首からお腹にかけて黒いエプロンをかけている。シギ類は泥の中にさしこみやすい長いくちばしを持っている。羽色は泥とまぎらわしい茶色や黒の斑が多い。カモは自己主張の強いどことなく西洋ふうの水鳥で、シギは内省的でどこか東洋ふうである。トウネン、ハマシギ、タカブシギ、アオアシシギ、キアシシギ、キョウジョシギ、タシギなどが大井埋立地を常宿にしている。

　昭和五十六年からセイタカシギの一群が訪れるようになった。信じられないくらい細く長い淡紅色の足と、黒と白の清楚な羽色のこのシギが、水鏡を映して立つ姿は鳥というより妖精に近い。ピューイピューイという透明な笛の音に似た鳴き声も、その姿にふさわしい。大井埋立地のセイタカシギは、千葉県で繁殖した家族の一部らしいが、日本では東京湾以外に見出されることはほとんどない。私が最初に見た年は四羽だったが、年々ふえて今年は二十七羽も来た。たいへん珍しいことなので、全国からバードウォッチャーがセイタカシギを見に、渡り鳥さながら大井埋立地に集まるようになった。

そのほか大型のチュウシャクシギ、オオソリハシシギ、オグロシギも羽を休めて、初夏と秋の大井埋立地は珍客万来である。

出かけたいという意志が、つい鈍りがちになる季節。それは夏の大井埋立地だ。昭和五十三年に造成された三ヘクタールの野鳥公園と緑道以外には、この十年間で、縦横倍ほどに成長したニセアカシアの自然林が二ヵ所あるのみで、埋立地には日をさえぎる樹木がないからだ。したがって夏のバードウォッチングの必需品には、麦わら帽子と水筒が追加されねばならないだろう。しかし照りつける太陽と塩分を含む大気に舌を出してあえぎたくなる午後も、一向に衰えを知らないのはアシ原のオオヨシキリである。「ギョギョシ、ギョギョシ、ケケシ」と叫んでいるのが、蛙《かえる》の一種ではなくてちっぽけな鳥だったことに気がついたときの驚き！　ギンヤンマ、シオカラトンボの飛びかう水面には、もっとわくわくする光景が展開している。あのくすんだ羽色のカルガモが、産毛に包まれたひなを十羽も引き連れて、得意そうに泳いでいるではないか。やがて水面を渡りおえると、母さんガモは注意深くひなをアシの茂みに誘導する。そこには黒い産毛のオオバンやバンのひなも母鳥といっしょに出入りしている。

夏は野鳥にとっては、子育ての重要な時期であった。暑いなんて言っていられない。白い紙飛行機のような鳥が、空中に停止してはばたいている。次の瞬間にはロケットのように水中に突っこんでいく。漁が成功すると、小魚をくちばしにくわえて、まっしぐらに大井ふ頭その二の方角に飛び去ってしまう。この鳥、コアジサシは夏の渡り鳥で、大井埋立地で卵を産み、ひなを育てる。変わっている点は、日陰のないガラガラの砂礫地を選んで巣を造ることだ。巣といってもちょっとしたくぼみで、ひなは周囲の石ころそっくりの保護色をしている。炎暑の下の地面でおしりがヤケドでもしなければいいと思うほど、簡単な巣である。

夏の風景は楽しいが、やはり何度も出かける気持にはなれない。秋風が立つのが待ち遠しい。初夏とは反対に、今度は南へ越冬しに行くシギ・チドリが、大井埋立地に立ち寄るのだ。日本の干潟はこういう旅鳥には、かけがえのない栄養補給の場であり、休息地である。これ以上、日本の海岸が人工化されたら、彼らの季節は私たちの暦から失われてしまうだろう。アキアカネが、胴体を真っ赤に染めて、高原から大井埋立地のふるさとの池に戻ってくる。水辺には繁殖地を解散したコサギやダイサギの優美な姿が目だつ。トキやコウノトリとちがって、日本ではまだ数が多いから、むしろ迫害されているサギだが、輝くほど白い体と曲線美にはいつもうっとりする。アオサギは日本のサギの中では最大種だが、青灰色の体に頭の黒いリボンがよく似合う。ゴイサギは鶏ぐらいのずんぐりしたサギで、昼間はアシの根方に陰気にたたずんでいるが、暗くなると急に元気になって「クワッ」と鳴いて飛びだしていく。いちばん見にくい鳥はヨシゴイである。小さいうえに隠れんぼうが上手である。首をのばすとアシの茎と区別がつかない。

これらのサギたちは、いずれも一級の漁師であるが、漁法は種によって少しずつ異なる。ダイサギはゆっくりゆっくり水中を歩いて、ぴゅんと首を前に突きだして獲物を捕らえる。コサギは黄色い足先でかきまわして魚を追い出し、ゴイサギは忍耐強く通りかかる獲物を待ち伏せる。

秋が深まったころ、私はお月見の準備のために大井埋立地に出かける。持物は望遠鏡ではなく、植木鉄である。お目当てはススキの穂だが、黄色い絵具をまぶしたようなセイタカアワダチソウや、何ともいい赤紫に変わったアシの穂もいただいていく。それらの植物をばさりと大きな花瓶に投げこんで、ゆで栗とお団子の鉢を傍におく。まるで埋立地で満月を迎えたような勇ましい気分になる。

同じころ、チガヤ草原の棒杭の上などに、モズがとまってしっぽを振りまわしている姿をよく見かける。遠目にはころんとしたかわいい小鳥だが、レンズで拡大するとくちばしが鋭く曲がり、肉食性であることがわかる。バッタの干物が、鉄条網に突き刺してあるのはモズの〈はやにえ〉である。モズよりも二まわりほど大きいツグミも、北の国から大井埋立地に渡ってくる。北海道で育雛をすませたオオジュリンも冬用に身ごしらえして帰ってくる。「チュイーン」と鐘をたたくように鳴きながら、アシ原をせわしく飛びまわり、枯れた茎をこじあけて内部にひそむ虫を食べている。よく耳をすますとアシ原は、カシャカシャという茎を裂く音でいっぱいだ。山からおりてきたホオジロやアオジ、冬鳥のカシラダカも目だって多くなる。そしてある日、北の方角から、雲の魂のように一団となって、冬の使者——カモとカモメが渡ってくると、大井埋立地の水辺は、一年のうちでいちばんにぎわう季節に入ったのだ。

「大げさに言えば、ここで人生が変わってしまった」

大井埋立地の自然を語るなら、ぬかしてはならない数人の人々がいる。五月の観察会で講師をつとめてくださった堀越保二さん、増田直也さんと長谷川克弘さんの三人は、私たちよりもっと古くから大井埋立地で野鳥観察を続け、人工の地に自然がよみがえる過程をつぶさに見てきた方々であった。このトリオは昭和四十九年にはもう「大井埋立自然観察会」をつくっていて、のちに「大井自然公園推進協議会」の重要なメンバーになった。

三人の知りあった動機が面白い。

昭和四十七年、増田さんは明治学院の高等部から大学の仏文科に進学したばかりだった。あまり勉強をする学生ではなく、同人誌を出したり、映画や演劇にも関わったりしたけれど、今一つどれにも熱中できなかった。〈ポスト全共闘〉と彼は自認する。高校生のころ、学校をさぼって近所の池上本門寺に通った。仏教に興味がわいたわけではなく、境内の樹木のかもしだす静寂さが気に入ったのだ。大森町で生まれ育った彼の家の隣りは、のり干場に使われる空地だった。海岸のそばではなかったが、海の匂いがしていた。その隣りには〈ガチャンコ〉と呼んでいたのり缶製造工場があった。ごみごみした町内だが、ほうぼうに原っぱがあって、バッタやトカゲを捕まえて遊んでいた。しかし私の子ども時代とちがって、彼がささやかな自然に触れえたのはほんとうに束の間の時期だった。大森の漁師の漁業権の放棄とともに、たちまちのり干場や原っぱはつぶされて、町工場とアパートがひしめきはじめた。

鬱屈していた青年は、ある日急に海を眺めたくなった。最後に釣りに行ったのは中学三年生のときだったから、ずいぶん断絶があった。牛乳配達のアルバイト仲間とともに、海岸に向って自転車を走らせた。行き着いた先で彼が目撃したのは、荘漠とした埋立地を走りまわるブルドーザーと煙を吐く工場群と砂埃だった。自分の海はすでに幻だった、と彼は思った。呆然とした日々に、ふと朝日新聞の記事が目にとまった。「埋立地で鳥を見る青年」という見出しだった。ふいに心がきゅっとなるのを感じて、すぐに一つ先の駅の蒲田に住むその青年を訪ねていった。当時麻布獣医大学の学生で、日本野鳥の会の会員でもあった長谷川青年は、彼を大井埋立地に連れていった。動物好きのこの青年の魔法の杖の一振りで、すさまじい荒廃の地に見えた埋立地は、たちまち豊かな生命あふれる世界に変わった。この経過は、市田さんに連れていかれた私たちとまったく同様である。草原を歩いていくと、あちこちからコミミズクが合計二十羽も舞いあがったそうだ。カモが気持よさそうに水辺で泳ぎ、増田さんの好きな植物がわんさと生えている。文学青年は、たちまち大井埋立地に夢中になった。初めての経験だった。「大げさに言えば、ここで人生が変わってしまった」。

同じ時期に、やはり長谷川さんの紹介で、野鳥観察の先輩の堀越さんとも知りあい、たちまち大森界隈の赤提灯を飲み歩く仲になってしまったのも、人生の蛇足ではないだろう。

長谷川さんは、大田区の南端に近い羽田高校の出身である。対岸に川崎の工場地帯があり、空気は悪く、近くの多摩川から溝《どぶ》の臭気が漂ってきた。子ども時代は原っぱ遊びの経験があるが、それ以来自然との縁はすっかり切れていた。高校陸上部でマラソンをしていた。俳優の永島敏行と似ている長身の彼は、きっと学生時代から女の子にもてたにちがいないが、そんな話を引き出すと三年前やっと国際結婚にこぎつけた夫人のベバリーに叱られそうだから、せんさくはよそう。

ある冬の放課後、長谷川さんは部室で会議をしていた。広い窓から多摩川がよく見えた。風が強い日だった。河原のゴミが舞いあがり、真っ白い鳥がゴミと遊ぶように飛びまわっていた。退屈な討論をよそに、何とも面白い光景だった。その日以来、マラソンのことばかりだった高校生活の中に〈鳥〉が飛びこんできた。自転車通学だったので、帰りに道草をして白い鳥――ユリカモメを探して飽きずに眺めた。もともと動物好きだったから、すんなりと獣医を志した。大学生になって、呑川《のみかわ》の河口でカモメを探していると、海に大地が見えた。双眼鏡で調べると、トラックが土煙をあげて走っていた。その方向を目がけてどんどん歩いた果てに、草もなく乾いた泥沼みたいな広い場所に出た。ここが大井埋立地だった。白い貝殻が散乱している奇妙な場所だった。二回目に行ってみたときに、例のコミミズクに出会い、その後行くたびにほかの種類の野鳥を見つけた。ブラインド（鳥をおどかさぬように隠れてのぞく小テント）にもぐりこんで観察している最中に、傍を二、三回サニーバンが埃を巻きあげて通過していったが、べつに気にもとめなかった。ある日サニーバンは通りすぎずに、近くで停車し、中からやせて色の黒い男の人が這いだしてきた。少し立話をしたが、その人が堀越さんだった。野鳥のことにずいぶんくわしい人だった。

長谷川さんは獣医になった今は、ジープで全国を駆けまわっているが、当時の機動力は自転車だった。埋立地は凹凸が激しく、石ころだらけである。これまでに二台も自転車を乗りつぶしてしまった。

三人の要《かなめ》になっている中心人物は、堀越保二さんである。堀越さんも増田さんと同じく生粋の大森っ子だ。

しかし増田さんとちがっていたのは、彼が成長するまで大森の海はずっときれいで、岸辺に海の家が立ち並んでいたことだ。当時の大森町には、とれたての海の幸を名物にしていた「福久良」「悟空林」などの高級料亭が繁昌し、クロダイ、ボラ、セイゴ、フッコ、アイナメなどを釣る船宿もたくさんあった。海に支えられた町だった。住民のほとんどが漁師か農民だったが、堀越さんの家は米屋さんである。戦後の埋め立てで、中心街は海から遠くなったが、それでも今の大森商店街にはのり屋と乾物屋がほかの町より多い。でも豆屋とせんべい屋、それに陶器の店が多いのには、首をひねっていた。堀越さんにたずねてやっとわかった。関東大震災のあと、京橋から卸売店や職人がかなり大森に引っ越してきたのだった。

昭和二十年五月二十九日の大空襲で、大森はぺろりと焼けたそうだ。小学校一年生だった堀越さんは山梨県に疎開したが、そのわずかの時期以外は五十年近く大森から動かなかった。ところで堀越さんが〈鳥〉に興味を持った年齢は、ほかのだれよりも早い。そのきっかけは多摩川でも大井埋立地でもなく、入新井第一小学校の理科室だった。彼は気象班に属していたのでしじゅう理科室に出入りしていたが、そこに野鳥の剥製標本がたくさん飾ってあったのだ。薄暗く少しかび臭い室内で、ガラスの目玉をした鳥たちは、少年に何を語りかけたのだろう。とにかく中学にあがったときには、近所に現われる鳥の名は全部知っていたそうだ。

昭和四十六年の堀越さんと大井埋立地の出会いは、ほかの二人の若者の状況とあまり変わらなかったようだ。

「……ある時、おそらく大学入試に落ちて浪人中のことと思うが、急に平和島の潮の引いた波の型の残る砂の干潟を思い出し、出かけてみると、そこにはすっかり赤黒い土砂がかなり遠く迄捨てられ、茶黒い波が立っていた……」（『大井埋立地の自然』より）

それから彼はこの場所で、コアジサシやシロチドリやウミネコなどとの様々の胸躍る対面を経験する。野鳥の記録がぶ厚いノートに何冊も溜まっていく。さらに砂漠とぬかるみが交互に現われていた埋立地が少しずつ安定してきて、表面に草やアシが広がり、野鳥やその他の野生生物が定着してくる様子を、画家らしい細やかな眼で観察していた。堀越さんの画題の半分は、大井埋立地の野鳥たちである。日本野鳥の会に入会したのは、非常勤助手をしていた昭和四十六年ごろだった。長谷川さんや増田さんと知り合う一年前であった。

このトリオは、「小池しぜんの子」のメンバーが動きはじめる前に、すばらしいことを一つやりとげている。

バンはオオバンと並んで、今でも大井埋立地のおなじみの鳥である。黒っぽいメンドリみたいな体型をしているが、成鳥のおでこには赤いツバキの花びらのようなマークがついている。首をがくがく前に揺らせながら泳ぎ、アシ原などから突然奇妙な鳴声をたてる。「キョー、クルルル」人がきた、危いぞ、と言っているのだろうが、これではかえってのぞきたくなってしまう。そのバンがバンの池で営巣していた。いや、バンが営巣したのでバンの池と呼びならわしたのだった。その池に突然大型トラックが来て、建設残土をぶちこみ始めた。どうやら池を埋めてしまうらしい。日に日にトラックは、バンの巣に近づいていく。卵とそれを抱いている親鳥は、どうなるだろうか。とうとう思いあまった三人は、バンの巣のことを手紙に書き綴り、当時の東京都知事の美濃部亮吉氏に提出したのだった。巣の一歩手前で、埋立工事は中止になったという。

この三人の〈鳥人間〉の行動がなかったら、三年後の冬の日に私が大井埋立地に行くことはなかっただろうし、野鳥との劇的な関係も生じなかっただろう。「小池しぜんの子」で請願書を出したり、自然保護運動に発展することもなく、東京に大規模の野鳥の公園がつくられることもなかっただろう。

堀越さんは現在東京芸術大学日本画科の助教授だが、一年前に千葉県の長生《ちょうせい》郡というのんびりした名前の村に引っ越してから、いささか登校拒否気味らしい。遊びに行くと描きかけのカンバスに囲まれて、水田の白サギをつくねんと眺めながらたいてい日本酒を飲んでいる。長谷川さんはまっとうに獣医大学を卒業して中央競馬会の研究所員になり、日本で翻訳の仕事をしているやはり動物好きのベバリーさんと結婚した。彼は今、私の家の二匹の猫の専属獣医もかねている。増田さんはいくつかの職場を迷鳥のように転々としていたが、一時「小池しぜんの子」のリーダーでもあったすてきな女性と結婚してから発奮して、現在京急開発で社内報を編集している。

ずっこけた人々が社会の目盛りを動かした

もう一人、大井埋立地の小史の中で書き落としができないのは高木利忠さん、「帰ってきた海を守る会」の代表である。京浜急行の大森海岸駅の近くで『むらさき』という床《ゆか》しい名の中華料理店の料理長兼経営者でもある。自称〈大森・夜の帝王〉と名のっているけれど、昭和十六年生まれとは思えぬあどけない童顔の反動のような気がする。高木さんとはいつ最初に出会ったのだろう。私ははっきり覚えていない。五十年の九月に東京都港湾局が主催した海上公園の説明会場だったかもしれない。けれど私が『むらさき』に初めて行ったのは、昭和五十一年の二月だった。大井埋立地を知ってからちょうど一年たっていた。その日私は堀越さんに誘われて、飛行場の沖合移転で埋立計画があった東京湾の羽田沖を船で見に行ったのである。ポンポン船を調達してくれたのは釣業者に顔のきく高木さんだった。一年前に負けない寒い日で、海上に出ると冷たい風のために私の唇は凍《こご》えついてしまい、口もききたくなかった。なぜか男の人たちは陸地と変わらぬ平気な様子であるのがうらめしかった。

羽田沖に近づくと、船はエンジンを切った。小刻みに揺れる鉛色の波間に、無数のカモが浮かんでいた。ほとんどが海ガモのスズガモとキンクロハジロだったが、大井埋立地でも見かけるオナガやハシビロもいた。狩猟解禁とともに、千葉県の新浜の野鳥保護区には何万というスズガモが集まるので有名だ。野鳥はちゃんと危険な期間を知っていて、安全地帯に逃れるのだ。この羽田沖もカモ類の避難場所の一つであろう。またこのあたりの海域は干潮になると海底が露出して、ハゼのよい産卵場になっていた。アユなどの稚魚も河口部で育ってから、川に戻っていく。私がこれを書いている時点ではすでに埋立工事が進んでいる。三菱総研の環境影響調査では、羽田沖の自然の価値は重要ではないと見なされている。でもカモにとって、ハゼにとって、アユにとって、その生息環境が重要でないわけがない。一般的にこういう調査が、ヒトについての影響という視点からのみなされているかぎり自然破壊は続いていくだろう。

あの航海の出発点が平和島運河で、運河べりの細い露地に『むらさき』があった。私が想像していた小粋な店がまえではなく、密集した住居のあいだの岩陰にへばりついたイソガニみたいな店だった。今は改築されてずいぶんスマートになったけれど、あの薄暗い旧店舗にだれがラーメンやシュウマイを食べにくるのだろうというのが、そのときの私の疑問だった。答はやがて出てきた。運河の続きに大井競艇場があったのである。レースに熱狂したあとの観衆の一部が必ず『むらさき』に流れてくる。ある者は暖いふところを抱え、ある者は血走った目といらいらした感情を抱え。そういう客を相手にする食堂に、外装も内装も関係ないのであろう。

船が来るのを待つあいだに、私は泥色の平和島運河に何気なく釣糸を垂らしてみた。ものの五分もたたないのに引きが来た。あわてて竿を持ちあげると、ピンピンと魚が宙で跳ねた。

「ひゃ、うちのボラは、女の人に弱い」と高木さんが笑った。

こんな思い出のある運河は、数年を経ずして埋め立てられ、大田区立の森林公園に変わってしまった。高木さんはその折り、私たちを巻きこんで水辺を残す大作戦を立てたのだが、運河を異臭を放つ汚ない溝川としか考えない行政と住民に押しきられてしまった。競艇場との関係もこれでおしまい。『むらさき』は、それ以来ファミリー向きの明るい店に改造された。もともとこの店名は、彼の父親が始めた中華レストランの『紫式部』という名前の一部を採ったのだそうだ。こんなことで驚くのは早い。高木家が大森に定住したのは大正時代、彼の祖父の代なのだが、その祖父はこの地に西洋レストランを開店して大もうけをしたのであった。そのころの大森は、二、三十年前のような漁師町でもなく、現在のような殺風景な新開地でもなかった。鉱泉町で花柳界として人気のあった森ヶ崎をひかえ、料亭などでにぎわっていたのである。しかし高木家の家族は、大森から離れた馬込町に住んでいたから、彼自身は子どものころ海で遊び暮らしたという体験はあまりない。日大付属豊山高校時代は、一人で山登りに熱中し、坂口安吾や太宰治にこっていたという。えっ？と私はびっくりして彼を見つめ直す。つねに楽天的な彼のどこに、そんな気分がしまってあるのだろう。しかし私自身も、昔と今では天秤の両端に立っているほどちがって見える。少なくとも外観においては、人間は変わることができる。むしろ青春期に何物かに熱くつらぬかれた経験があれば、その思い出に触れる恥ずかしさから反対の人間のようにふるまうことも多いだろう。

釣りを通して海に親しみ始めたのは、昭和四十三年ごろからだ。完全な釣りキチだった。店の仕事をちょいちょい放りだして出かけてしまった。近所の海や運河はヘドロ化していたから、最初から目標にはせず、釣りの舞台はよその土地の海であり川であった。ところが四十七年に、ふとしたことから羽田の燈台付近の海でセイゴ、カレイ、コトヒキを釣りあげた。死んだと思いこんでいた東京湾が生きていた！　その折りの感動を忘れることはできない。

大井埋立地を初めて踏んだのは、昭和四十八年。釣り道具と四歳になる息子さんをバイクの後ろに乗せてでこぼこの埋立地を走った。怖いぐらい広くて、坊やは泣きだしてしまった。その後数回通って、やっと一匹釣りあげたときは嬉しかった。五十年には、自宅前の運河でフッコ（スズキの子）を一匹釣った。それまで半信半疑だったが、この日高木さんはほんとうに海がよみがえったことを信じることができた。

彼は子どもたちを集めて釣り大会を定期的に開催することにした。毎回、二、三百人が参加する盛況だった。釣りを通じて〈海〉を守る気持を持ってもらおうと思ったのだ。ところが彼自身の少年時代と高度経済成長後の時代には開きが大きすぎた。集まってくるどの子も高価でりっぱな釣り竿を持っている。持っていない子は、欲しくなって親にせがみ、次の会には大喜びで新品の竿をかついでくる。まるで釣り竿コンクールだった。水がきれいになったのに、沿岸の住民たちはあい変わらず無頓着にゴミを海や運河に投げすてる。ある日、釣り針が喉にささったひん死の鳥を拾った。ついに高木さんは決心した。釣り大会はやめよう。自分も趣味の釣りをやめよう。

代りに高木さんは「帰ってきた海を守る会」をつくって、海の生物の観察会を開くことにした。それからの彼の勉強ぶりには私は頭がさがる。店の休日には海に出て、魚類、甲殻《こうかく》類、プランクトンなどの調査を欠かさない。サンプルを大学の研究室で同定してもらい、正確な知識を獲得していく。参考書はまっ黒になるほど読み返し、疑問点は著者や出版社に問いあわせる……。今や彼の頭には、大井埋立地周辺の海域と生物に関する膨大な知識が、中華料理の作り方と同じくらい詰まっていることを私は疑わない。

大井埋立地をめぐるほんとうに面白くて、変わった仲間たち、たぶん私もまたその一人であることにまちがいはないであろう。でもこの標準からずっこけた人々の存在が、結果的に近代化路線を突き返して社会の目盛りを動かした。その針の振幅が、社会全体の流れから見れば目に見えぬほどのものであろうとも、動いたのは事実である。そして私は、大井埋立地の野鳥に出会ったように、彼らと知りあえたことを幸福に感じている。

7 自然保護大作戦

足の遅い人はゆっくりと、足の速い人は駆け足で

昭和五十年は「小池しぜんの子」の女たちが、今までの価値観を揺すぶられた年であった。都会に住んでいるかぎり、自然は行って楽しむものであり、広がる破壊状況に憤慨はしても自分の手を泥だらけにして守るものではなかった。それが大井埋立地に野鳥に会いにいってしまってからは、そのままではいられなくなった。なぜなら大井埋立地の自然は私たちが発見して、その存在価値を公けに示したものである。地元の住民である私たちが手を引いたら、市場開発を前提にした状況に戻ってしまう。私たちは自然観察会の子どもたちに約束をしたようなものだ。

「みんなが遊んだり、自然観察が続けられるように、大井埋立地を公園にしてもらうからね」

また大井埋立地に生息する野鳥や昆虫や魚や貝やカニやザリガニやドブネズミにも約束をした。

「君たちがいつまでも暮らせるように、この場所を残しておくからね」

この約束を果たすためには、自分が動きまわり、話しあい、お金を出し、訴えかけねばならない。私たちは必然的に選択を迫られた。「小池しぜんの子」の一員として行動するか、しないか。どちらがよくて、どちらが悪いという問題ではなかった。やりたいか、やりたくないか、めいめいが自分の心にたずねてみることなのだ。この地点で、途中下車をした人もかなりいた。ある事柄についての考え方は一つではありえない。十人いれば十人ともちがって当然である。けれどある組織として動くのだったら、目標は統一されていなければ困るだろう。その上で足の遅い人はゆっくりと、足の速い人は駆け足で、何となくゴチャゴチャと行列になっていればいいのである。昼寝をしたくなった人は、休んだあとで追いついてきたってかまわない。組織はもっときちんとして統制のあるものだという意見が強いだろう。それならば「小池しぜんの子」は組織ではない。名称などどうでもいいが、要するにある目標に賛成し、自分で関わりたいと思ったいろいろな人が自発的に集まってつくったグループなのだ。だから楽しい。強制されてするわけではないから長続きする。けっして図式では表わせないこの性格を私は守りたかった。むしろそれが私が会の代表としてもっとも苦心したところだった。

ところで残ったメンバーはそれぞれに主婦としての仕事や勤めを持っていたから、労力を最少に、目標を達成させる効果は最大にするための作戦が不可欠であった。純粋な気持だけでものごとが変わるものならば、日本の自然破壊はどこでもとっくにブレーキがかかっている。母親を中心にした自然保護のグループというと、何となく教育ママ的ステレオタイプを想像しがちだが、私たちはだいぶふまじめで、おまけにお喋りだった。限られた時間の中できめねばならないことがあるとき、進行係の私はよく焦った。どうやってお喋りの洪水をとめたらいいのだろう。私たちは会合のたびにまずその目的である自然保護や子どもの自然教育について議論を始めるのだが、なぜか話題はつねに私を含めて食べ物やファッションや流行の小説や映画や、ポルノや男と女というつきないテーマにまで発展するのだった。私は気づいた時点でできるだけ元に戻そうとしたのだが、しまいにはそれを放棄した。

つまり女にあっては森羅万象は横につながっている。縦に積みあげていく男とは全然ちがっている。男は積みあげた石のどれか一個を失えば、たちまち全体が崩れおちる。女は石の一個ぐらいなくなっても平気だ。いずれどこからか出てくるだろうし、隙間は跳び越えることができるのである。だから話題も成行きにまかせていれば、自然に本来の目的に流れていくことがわかった。多分に時間がかかるけれど、興に乗るとメンバーたちはポコポコ、アイディアを出した。もっともその大半は奇抜すぎて、皆の意見でボツになった。

結果を予想してひるむよりもまず実行

そしてたいていの場合、かなりの効果を得た。機構改革後に、こんな雰囲気の母親集会が何度も重ねられたあげく、大井埋立地につくられるはず？の自然公園の具体的なプランを設計してみようという話が煮つまってきた。署名集めには全員が参加したのだから、設計にもできるだけ皆の考えをいれたい。早速会報にお知らせを出したあとで、私は埋立地の白地図をつくった。野鳥生息地の全体像に二つの池の位置、草原、海、運河、湾岸道路建設予定地などを書きこんだ簡単な図に、自分の好みの設計図を描いてもらおうというのである。いうなれば一年前に子どもたちに提出してもらった〈夢の公園〉の大人版である。コピー機がまだ普及しない時代で、外に頼むと目の玉が飛びでるほど高かった。おりよく小学校のＰＴＡの役員をしていらした富田さんと鵜沢さんが、謄写版を借りてくださることになり、私はガリガリと下手な字で原紙を切った。〈経費と資源の節約〉も「小池しぜんの子」のモットーの一つである。歴代の会計係は、様々の工夫をして支出を防いだものだった。

昭和五十一年の一月号の会報とともに配布された白地図は、それぞれの思いを托した自然公園のデザインをのせて返ってきた。二十枚ほどのデザインには、ある鮮明な方向が認められた。つまり現在までによみがえった自然には手を加えずに、そのまま自然観察や遊びの場に使おうという基本的方向である。人工の遊具も施設も拒否する姿勢だった。公園というわくの中で、野鳥生息地を全域手つかずで残す。「小池しぜんの子」のこの希望と、西欧的な自然公園の知識と技術を身につけてきた「日本野鳥の会」の意図には多少のずれがあった。でもこのずれは、〈東京に自然を〉という大きな目的の中でいずれ調整されていくだろう、と私は思った。事実、お互いに協力しあいながら、お互いに影響しあう形で、このずれは目だたなくなりわだかまりとして残ることはなかった。そして個々に会員から寄せられたプランは、五十三年になって「小池しぜんの子モデルプラン」として一つにまとめられたのである。

PR作戦

一方、堀越さんや高木さんのグループも大井埋立地の自然のPRを熱心に始めていた。五十一年一月半ばには大田区民センターで「大井埋立自然観察会」主催の「大井埋立地自然展」が開かれた。この催しに先だって堀越さんらは『大井埋立地の自然』という小冊子を作った。この本は始めから終りまで手書きなのだが、堀越さんのコミミズクやカニや少年のカットに飾られ、表紙は水を湛えたバンの池の真上を飛行機が斜めにのぼっていく迫力に満ちた写真だった。内容も過去数年の魚介類、植物、鳥類のリスト、大森・羽田海上自然公園試案など資料性に富むもので、私自身も「大井埋立地との出会い」という文章を寄稿している。「大井埋立地自然展」のほうは、増田さんが製作した野草の標本や、堀越さん、長谷川さんの野鳥の写真、高木さんの大井埋立地周辺の魚の分布図も一緒に並べられている中身の濃い展示会だった。

残念だったのは、会場の中に一般の人の姿が少なかったことだ。大田区報にも開催日を掲載したはずなのに、どうしてであろう。家に戻ってから、私はすっかり考えこんだ。草花や鳥の話をすれば、だれでも、いいなあという顔をする。自然がきらいだといいきる人にもあまり会ったことがない。しかしこういう一般論は別にして、大田区に住んでいても、大井ふ頭という地名も、ましてやそこが野鳥のすみかになっていることを知る機会はほとんどなかった。むしろ区民にとっては、埋立地はゴミの島の印象から不衛生で危険な土地というイメージが強い。教育委員会ときたら、生徒は埋立地に行ってはいけないという通達まで出している。埋立地に知識のある人の多くはそこを公害の元凶とみなしている。つまり大井埋立地の素顔の情報が今までまったくなかったために、関心のわきようがないのだった。

イメージを変えなければいけない。大井埋立地に行ってみようというイメージをかきたてる必要がある

じゃあ、どうやって? 現代社会でもっとも直接的な喚起方法といえば、映像で一般の人々の茶の間に直結するテレビ放送だ。べつにコマーシャルをするわけでも、誇大宣伝をするわけでもない。ありのままの大井埋立地の映像を流してもらうだけで、十分にそれは魅力的な画面になりうるだろう。過去十年、大井埋立地の自然はテレビの歳時記のように各局でくり返し放映されているが、その最初の機会がその年の前半にやってきたのだった。ある日、突然電話がかかってきた。

「こちらNET(現在テレビ朝日)の『こんにちは東京』という番組を担当している藤吉ですが……」

「はい?」と私はどきどきしながら答えた。

「東京湾の埋立地に渡り鳥が集まっているそうですね」

「ええ、大井埋立地という場所です」

「加藤さんはその場所の保護運動をしていらっしゃると聞きましたが……」

「はい、署名集めをしました」

「私どもの番組でその大井埋立地の紹介をしたいと思いまして」

私はここぞとばかり宣伝をした。

「今ごろは冬鳥のカモとカモメがたくさんいますから、とてもいい時期ですよ」

「ええ、もちろん野鳥も撮りますが、加藤さんにも出演いただきたいのです」

「出演？」

なんてなつかしい言葉だろう。私は中学・高校にかけて演劇コンクールではたびたび出演者であった。セエラ・クルウやファウスト博士、どう考えても相反する役を演じた唯一の理由は、キリスト教系の女子校で演劇人口が極度に少なかったからである。

「引き受けていただけますか？」

「は、はい」

それで生まれてはじめてテレビに出ることになった。約束の三月一日、よく晴れていたが早春の風がまだ冷たかった。局の車で迎えにきてくださった藤吉氏は、どこかで会ったことがあるような気がしたら、〈水曜名画劇場の水野さん〉とそっくりなのだった。しかもそのそっくりさんが大井埋立地に向かう車内で、サム・ペキンパー監督の「わらの犬」評を同行のカメラマン氏と話し始めたのでおかしかった。私はあの映画以来、主演のダスティン・ホフマンが好きだったので一生懸命聞き耳をたてているうちに、だいぶ気も落ちついてきた。こんな細かなことまで覚えているのも、テレビの処女出演?だったからだ。それ以後もいろいろな局の番組で大井埋立地や野鳥の話をする機会に恵まれたけれど、前後の様子はほとんど忘れてしまっている。

大井埋立地の入り口に当る湾岸道路予定地に車を置いて、内部に歩いていった。幸いバンの池はいつものとおり鳥の気配でいっぱいである。枯れたアシ原をわけると、カサカサとリズミックな軽い音がする。めずらしくミコアイサの雌がオナガガモの群れに混じっていた。雄は白地に目のまわりが黒くて愛嬌があるが、雌は茶色い顔をしている。そのほかには常連のコガモ、ヒドリガモ、ハシビロガモがいた。

「すばらしい所だなあ」と藤吉氏が感激の口調で言うので私は嬉しかった。その後知ったことだが、マスコミの人が個人的に感想をのべるということはほとんどないのである。「あそこに頭が赤くて、体が灰色のきれいな奴。あ、もぐっちゃったけど、あれは何ですか？」

「ホシハジロ。名前もきれいな鳥でしょう」

私が出演する場面は、三十分の番組の一部だからせいぜい一時間ですむだろうと考えていたらとんでもない誤解だった。水辺に立ったり、歩かされたり、いろいろと角度を変えて望遠鏡で観察させられたり、運動の経過を喋ったり、えんえんと三時間ほどかかった。プロデューサーの藤吉氏はほんとうに熱心だった。

この番組の放映時間は平日の午前中だったから、見た人はきっと限られていただろう。けれど黄褐色のアシが青空に揺れる風景ともの寂しい風の音で始まったこの番組は、私の下手な出演場面を含めても、すばらしいできばえだったと思う。もちろんカメラマンと藤吉氏の手腕であったのだが、あの茫漠とした埋立地の自然の美しさをシャープに切りとって見せることができたのは、近代兵器であるテレビカメラのおかげである。「小池しぜんの子」の会員たちは皆、感動した。テレビ番組のフィルムはほとんどが数ヵ月以内に処分されてしまうときいて、〈経費と資源の節約〉をつねに念頭においている私たちは、質のいいプログラムや資料になるフィルムは〈テレビ図書館〉を作ってそこに保存しておけばいいのに、と言いあったりした。数年後にビデオ時代が来ることなど、まったく予想だにしていなかった。

後日談がある。プロデューサーの藤吉氏はこの取材以後、すっかり大井埋立地に心を奪われてしまった。私は何年かに一度の割りで、埋立地の池のほとりや草原でばったりと藤吉氏に会った。一度は奥さんといっしょだった。「いやあ、あれからここのファンになりましてね」と彼は〈映画の水野さん〉みたいに頭をかいた。

そのほかにも、私たちは大井埋立地の名を一般の人々に印象づけるために様々の試みをした。大井埋立地をめぐる行政の動きに変化があれば、各新聞社にすぐ連絡をした。日本自然保護協会の『自然保護』や東京都が都民一〇〇名に委嘱している〈緑の監視員〉の機関紙にレポートを書いた。また第一勧業銀行（当時）の大森支店と上池上支店のロビーで、堀越さんや日本野鳥の会から借りてきた大井埋立地の野鳥の写真展をした。この会場を借りるときには、「小池しぜんの子」の会員の多くがこの銀行の預金者である（これはほんとうなのだ）ことを理由にかなり強引に（無料で）貸していただいた記憶がある。

まず、小さな野鳥公園から

このような作戦が功を奏したのか、これまでは比較的冷淡であった地主の東京都が大井埋立地の問題を本気で考えはじめたという徴候が現われた。私たちの集めた署名が都議会でも区議会でも採択されたという事実も影響したであろう。私たちが都庁に出向いて、要望をくり返すたびに、行政の人々の態度が少しずつ軟かくなっていくのを感じた。反対に言うと、私たちがどれほど本気なのかを彼らは役人の目でそれまで観察していたのだ。

とうとう樋渡さんが、埋立地の地図をさして言った。

「どうでしょうか。ここに公園予定地が三・二ヘクタールあります。市場建設に際して義務づけられている緑地部分ですが、とりあえずここを野鳥公園として造成しては？」

樋渡さんの差し示した場所は、市場用地の北西端にあって湾岸道路に面している三角形の部分である。私はもちろん不満だった。

「え？　私たちが自然公園にしてもらいたいと思っている部分は、バンの池一帯の市場予定地の五十ヘクタールと汐入池一帯の運河予定地の二十ヘクタールをあわせて七十ヘクタールなんですよ。それなのにたった三ヘクタールちょっとの野鳥公園だ、なんて！」

私は帰宅すると、日本野鳥の会にさっそく電話を入れて、市田さんを呼びだした。しかし彼の反応は少しちがっていた。

「三ヘクタールだろうと、港湾局が本気で本物の自然の公園をつくるつもりなら、たいしたことじゃあないのかな。ほら一月に中野さんたちといっしょに都庁の公園緑地部に交渉に行ったでしょう？あのときの話覚えていませんか？」

私はすぐに思いだした。中野さんというのは世田谷区に「区民の森公園」をつくろうとしている折紙作家の中野独王亭《どくおうてい》氏のことである。彼もまた私たちと同じように、現在の公園が生態系を無視して設計され、人工施設ばかり多いことに批判的であった。中野さんと市田さんと私は、それぞれの会を代表して東京の公園行政に対する希望を述べたのだが、部長や担当課長は一向に気のりしない様子だった。

「皆さんの言われることもわかりますが、やはり芝生にしてほしいとか、バレーコートやグラウンドをつくってほしいという希望がたくさんありましてね。なかなか自然のままにするということはむずかしいんですよ。用地の関係もありますし、雑草は引きぬけとか虫が多くて困るという苦情もきます。でも公園緑地部としては、コート周辺に植樹をしたりして緑化に力をいれているんですよ」

オリンピック以来、バレーとバスケットはまるで国技のように盛んなのであった。幼稚園の子どもまでが、路上で「アタック」とか「シュート」とか叫びながら大きなゴムまりを投げあっていた。私はスポーツはリクリエーションだと思っているけれど、国中の人が熱にうかされているのは気味が悪かった。でも勝ち負けが問題になる団体競技では、集団内の統制がとりわけ大事になってくるであろう。結束の強さという点では、体育会系の組織は抜群で、だから後ろに有力な後援者がつきやすい。それにくらべて自然派の人々は、おおむね集まることが肌にあわない。グループをつくってもまとまりが弱く、主張を口に出すのが苦手なのである。これではお役所に対する圧力として断然差がついてしまう。そしてお役人という人種は、そういう点に敏感だから、弱い力の団体はあまり相手にしない。これが通例であった。そう考えてみると、なるほど港湾局の担当者たちは小さな草の根グループの私たちにもきちんと対応しているではないか。

「でもその予定地には池も干潟もないのよ。初期に造成された埋立地だから粗大ゴミが埋まっているらしくて、コンクリートの塊や鉄材がごろごろしているのよ」

「イギリスやアメリカでは、荒地を野鳥がすみやすい環境に改変して、りっぱに成果をあげている例がいくつもあります」

市田さんは日本野鳥の会の事務局長に就任してから、今までになかったことをどんどん実行した。自然保護における先進国の外国との交流もその一つである。と言ってもアメリカを除けば、イギリス、フランス、ドイツでは産業革命を契機に日本よりもずっと以前から自然破壊も進んでいた。工業化と牧畜の圧力で山々は皆はげてしまっていた。イギリスやドイツはその後修復にかなりの努力を払い、緑の森がみごとに広がったが、フランス、スペイン、イタリーはいまだに森林にも野鳥保護にもわりに無関心らしい。それらの諸国との国際会議や視察に積極的に参加して、具体的な野鳥保護の知識や情報を吸収してきているのだった。イギリスでは〈リザーブ〉、アメリカでは〈ワイルドライフリフュー

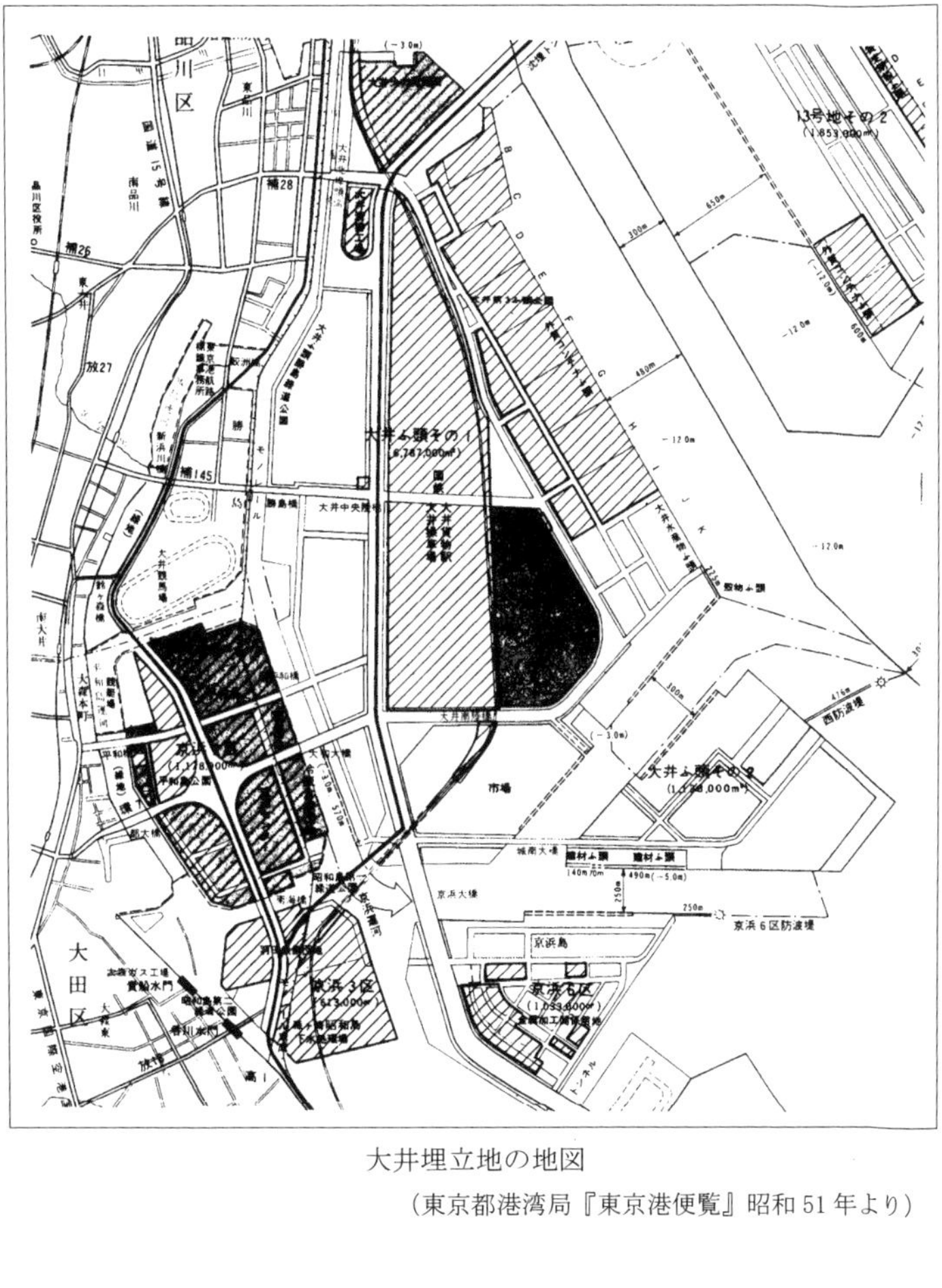

大井埋立地の地図

(東京都港湾局『東京港便覧』昭和 51 年より)

ズ〉とよばれている野生生物の保護区に類するものはまだ日本では一ヵ所もつくられていなかった。でもこのころの市田さんの頭にはすでに野鳥の聖域〈サンクチュアリ〉の構想が浮かんでいたにちがいない。日本野鳥の会がサンクチュアリ第一号を北海道ウトナイ湖でオープンしたのは、この五年後、昭和五十六年の五月であった。

「日本では今ある自然を残そうという運動は活発だけれど、ない場所に、自然を復元しようという話はなかったわね」

「そう初めてです。実験としても意味があるんじゃないかな」

「これに成功したら、今あきらめられている都市部の自然は回復できるというりっぱな証拠になるわね。やろうか！　野鳥の会が全面的に応援するという条件でよ」

「もちろんです」

地元のささやかな観察会「小池しぜんの子」と全国組織の「日本野鳥の会」という団体が、そのときからしっかりと結びついた。私たちの運動の成果の半ば以上は、この性格も規模もちがう二つの市民の会が、それぞれの特徴を重んじあって助けあったことによるだろう。大きいものと同じくらい、小さなものが必要な場面が何度もあったのである。それに暗黙のうちにたぶん市田さんと私は共通の思いを秘かに持っていた。それはこの三角形の公園予定地が野鳥公園として公認されることによって、大勢の人々の目が大井埋立地とそこに生息する野鳥にも向けられるにちがいないということだった。市場建設計画が具体化されるのは昭和五十五年以降、あと四年先である。それまでは七十ヘクタールの後背地は、野鳥生息地として十分に役だつ。ほんとうの決戦は、四年後だ。

自然回復の実験場と市民へのPRという二つの機能が、この小さい野鳥公園の役割である

「トリのすみかを守れっていうんですか？」

この年は大田区役所にも足繁く通った。大井埋立地の地主は東京都だが、将来の所在地は当然大田区の中に組みこまれるだろう。地元の区が大井埋立地の自然に関心と理解を持つことは、野鳥生息地の保護の面で、また自然公園の実現化にどうしても必要なことだと考えられる。区役所は上池台からは循環バスで二十分ぐらいのところだから、簡単に往復できるけれど、あまりぱっとした成果はあがらなかった。一つには大田区に自然保護の窓口がなかったからである。今まで大田区の緑地の代表というと、多摩川や池上本門寺、それにせいぜい洗足《せんぞく》池あたりだが、どれも水質汚染や都市化が著しく自然には乏しい。やや良質の樹林が見られるのは、多摩川台公園ぐらいである。あとはぎっしりと住宅と町工場がたてこんでいる。環状七号線や中原街道に囲まれているから沿道の排気ガスの影響はものすごく、小学校では一学級数人の小児喘息の子どもがいる。京浜工業地帯から汚れた大気も流れてくるし、町工場の粉塵と騒音も問題になる。おまけに新幹線が通過するので、付近の人々は振動と轟音に悩まされている。だから大田区の場合、公害環境部という部の公害対策課に埋立地対策の仕事がおかれているのだ。自然より先に公害でお役所は頭がいっぱいなのだった。

「小池しぜんの子」の母親グループは、最初、環境課の緑化係の人に会ったのだが、ここは緑化相談と苗木頒布だけで手いっぱいの状態だという。それで主に話しあいをした相手は、公害環境部の主幹の方であった。ところがこの主幹氏は、明らかに区民からの申したてや苦情にはあきあきしている態度であった。表情からも内心、〈女・子ども〉がまた無茶苦茶なことを言いだして……という気持がありありと読みとれたし、悪いことには自然には全然、興味のない人柄だった。だから私が持てる知識を懸命に披露して、都市の中に生態系のバランスを取りもどすことは、人間生活に大切なことなんだと力説しても、さっぱり反応がなかった。それどころか、何とか早く退散してもらいたいという気持が言葉の端々に表われていた。

「トリのすみかを守れっていうんですか?」と主幹氏は呆れて言った。「あそこには東京都の中央卸売市場が建つんですよ。それに私どもは埋立地については何の権限もありませんよ。東京都のほうに行ってください」

「もちろん行ってきました。でも自然公園の実現には、地元の大田区の応援もほしいのです。区議会で私たちの提出した請願は採択されています」

「ははは」と彼は豪快に笑った。「一度決めた計画を引っこめるなんて、お役所はぜったいにしませんよ」

では区議会の採択した提案と行政との関係はいったいどうなっているのだろうか。私たちにはさっぱりわからない。

「東京の環境は埋め立てた当時とはまったくちがってきています。だから古い計画は見直すべきです」

「できればそうしたいものですがね」

私たちは仕方なく腰をあげた。

「また参りますから、次回までによく考えておいてくださいませ。どうぞよろしく」と小沢さんが、部屋じゅうの職員に聞こえるほど響く声で言った。帰りがけに私たちは喫茶店に寄って相談をした。私は不毛の対話に疲れ、主幹氏の顔を見るのもいやな気分になっていた。でも彼こそ、いちばん〈ふつうの人〉なのかもしれない。自然についての興味も知識もない大勢の中の一人なのである。そうしてこういう人たちを説得できなかったら、自然保護運動は宙に浮いてしまう。

「私たちだって一年前は似たようなものよ。自然は好きでも、なぜ大切なのかわからなかった」

「多摩川で洗剤の泡ショックにあってからよ」

「大井埋立地を自然公園にしようという運動を始めてから、野鳥をはじめいろいろな分野の方々にお目にかかってお話をきいたでしょう。ある日パッと目が開いた、という感じ」

「そうすると私たちの感性に、理論と実践が結びついたのかしら」

ついに自画自賛におちていったが、やはりここで引きさがってはのちのちまで後悔し続けることになる。作戦を変えよう。私たちのこれまでの体験や気持を具体的に話そう。四年前に若い人たちの協力を得て、自然観察の会を始めたこと、一年前に大井埋立地で野鳥生息地を見つけてから保護運動を始めたこと、マスコミも大井埋立地の自然に注目しはじめている、つまり大田区と区民にとって、大井埋立地は騒音と排気ガスと交通混雑を今以上にひきおこす卸売市場よりも、自然公園として残されたほうがずっとずっと価値がある。せっかくよみがえったこの自然をつぶしてしまったら永遠に大田区から渡り鳥の姿は見られなくなる。逆にここを残せたら、行政は都史や大田区史の記念碑に名も残す。

公害の大田区から、野鳥のオアシスのある大田区へイメージチェンジできる

「四季を問わず自然観察には最適の場所です。大田区の学校のカリキュラムの中で、理科教育の実習の場として利用することもできます」と私は追い打ちをかけた。

少しずつ主幹氏と彼をとり巻く職員たちの態度が変化してきた。区側の肯定も否定も状況説明も通り一ぺんではなくなってきた。私たちは知らず知らずのうちに有能なセールスマンのこつを真似していたのだ。自分の商品の真実の長所を具体的に心をこめて語ればすむのである。誇張もウソも述べなくていい。

区役所を後にすると、私たちはいつも、コーヒーを飲みながらわいわい言いあった。

「もう少しだわね」

「あと数回でこっちのものよ」

「あせらずに行きましょう」

「区が味方になったら、最高よ」

学校教育に自然観察を生かせないか

大田区の中で「小池しぜんの子」本来の活動である自然観察に、もっとも接近した部署は、たぶん社会教育課と教育委員会である。大田区の婦人学級のリーダーをしている斉藤みさ子さんの情報では、当時の教育長はもと都立高校の生物の先生をしていらしたということだった。そういう方なら、きっと私たちの運動に共鳴してくださるにちがいない。さっそく三名の会員が「小池のしぜんの子」を代表して、教育委員会を訪れた。

教育長は穏やかで静かな口調で、ライフワークとして三宅島の火山性の植物を調べていると言われた。また大田区には、小中学校の理科の教師だけの研究会があることも教えてくださった。

「ぜひ研究会の先生方といっしょに、大井埋立地を視察にいらっしゃってください」

私たちは心からそう願った。一度でも大井埋立地に足を踏みいれて、豊かな動植物の宝庫であることを確認すれば、先生方もきっと力を貸してくださるでしょう。何しろ自然と子どもの教育とは切り離すことができないほど密接なのだから。

「そうですね。そのうちにぜひ……」

教育長も口先ばかりではない面持ちで言われた。しかし実際に具体的な面で教育委員会のご協力をいただきたいという話を切りだすと、やはり区役所の役人と同じように消極的な反応しか返ってこないのであった。

「いや、私の仕事は教育面だけで、行政や政治活動にはタッチできないのですよ。そういうご希望はどんどん区のほうにお出しになったらよろしいですよ」

「はあ、それはもちろん、しじゅうおうかがいしております。でも私たちが大井埋立地を自然公園にしてほしいと運動しているのは、都心部の子どもが自然に接触できる場所をきちんと残したいという意図もあるのです。そうすれば大田区の学校の教育システムの中で、理科の教材園としても利用できますから、その点で先生方の声をどこかでいただけるとありがたいと思います」

「研究会のほうには私から伝えておきますが、運動に参加するということは立場上むずかしいですね。ああ、それから私は天野区長さんと親しいので、今度会いました折りに、ぜひよろしくと言っておきましょう」

たぶんこれが、教育長の立場をはずれずに私たちにしてくれ得る最大の協力なのであった。

「先生は、いつ、どこでも先生の殻をぬげないのよ。退職してからも……」と廊下でだれかがつぶやいた。その後、教育長の口ぞえもあって、私たちは何度か理科の先生方を大井埋立地にお連れする機会があった。どの方もよみがえった自然に目を見はり、自分の生徒たちを引率して観察にいらしたり、個人的に埋立地に通ったりする先生も出ていらっしゃった。しかし大井埋立地の保護運動に先生の立場から協力してくださった方は、まれであった。自分の感想や意見を自由に表明したり、行動できない教育者とは何ときゅうくつな身分であろう。区の教育関係では、私たちはこんな程度のことで満足するほかはなかった。

この年、「小池しぜんの子」は定例の自然観察会を六回開いている。夏休み合宿は久しぶりに秩父吾策小屋の古巣に戻って行った。元リーダーの山名君から、自分たちは解散するので引き継いでくれるようにと依頼があったのである。吾策小屋と旧知の関係だったのは、私と荻谷君だけだったが、ほかのリーダーたちも下見に行ってから吾策小屋と所在地の日向《ひなた》の村が大好きになって戻ってきた。合宿には当時、二人のお子さんを入会させていた斉藤謙一・みさ子夫妻も参加してくださって、たいへん心強かったことを覚えている。山男でもあった斉藤氏は、〈父親会員第一号〉として、その後も会の様々の活動の手助けをしてくださった。

しかしその時代のリーダーは、観察会活動には責任を持っていたが、大井埋立地の自然保護運動にはよそよそしかった。一月のリーダー会では、自分たちは積極的にタッチしたくない、それは地元の大人の問題だからとはっきり宣言されてしまった。その言葉の裏にこめられた、現代の子どもは好きだが、現代の大人には不信感を抱いている彼らなりの心情が、今になっては私にも読みとれる。大人たちが勝手にしでかした自然破壊を、若者たちや子どもが尻ぬぐいする必要はどこにもないのだから。しかし、若い人たちの心を摑むことができないで、私はやはり寂しかった。せっかくの会の内部の機構改革も何の役にもたたず、全体としては華々しい印象だった昭和五十一年の唯一の心残りであった。

8 埋立地に野鳥の森ができるまで

都市の公園は容器にすぎない

三ヘクタールの野鳥公園をつくりましょうという港湾局の申し出を、私は「小池しぜんの子」の総会で説明し、会としての承認も得ることができた。私は樋渡さんに電話をかけた。

「先日の件は、私たちの会でもとりあえず賛成ということになりました。ただし公園の設計については、利用者であり地元の住民でもある私たちや堀越さんや高木さんのグループや日本野鳥の会の意見を十分に生かしてください」

後でわかったことだが、新しく自然を造成する費用は、わずか三ヘクタールでも二億二千万円もかかったのだ。〈経費と資源の節約〉を旨とするわが会のメンバーは、あらためてぐちりあった。

「自然を最初から残しておけば、こんなに税金を使うことはなかったでしょうに」

でも自然だけは、費用がその何倍かかろうとも取りもどしたい。それは三ヘクタールでも、二億円の価値はまさにあるのである。税金をむだにしないためにも、野鳥生息地をつ・く・る・というこの実験はどうしても成功させなければならなかった。工事の着工は半年後だという話である。それまでに勉強しなければならないことがたくさんあった。野鳥にできるだけ多種多数集まってもらうためには、どういう環境が適切か、湾岸道路が開通したら騒音や排気ガスをどうくいとめるか、公園を訪れる人が鳥を驚かさずに、しかも十分に観察するための工夫など、この野鳥公園にはふつうの都市公園とは全然ちがう視点が必要であった。何しろこれまでの公園は、人の目で楽しめればよかったものを、今度の公園は鳥の目を通して居心地よく感じられなければならないのだから。

話がきまると、港湾局の海上公園チームは、予想以上に熱を入れて野鳥公園づくりに取りかかった。私はつくづくと埋立地と海上公園が港湾局に属していてよかったと好運を感謝した。港湾局は都庁内ではめずらしく独立会計なのである。だから埋立地を造成して、それを他局に売って収入にしているのだが、ある程度の自己裁量はきくのであろう。それに公園づくりの伝統のない港湾局では、海上公園づくりは、まったく従来の形式にとらわれずに進めることができた。都内のほかの公園は全部、建設局の公園緑地部の所管である。そして当時の公園緑地部の雰囲気は、前述のとおりであった。

公園を設計し、つくるのは主に造園を専攻した技術者である。彼らにはプロとしての誇りや造園技術の長い伝統があり、それを簡単に変更するわけにはいかないのであろう。その重みは、素人の私にも理解できる。一般に公園と聞くと、二つのイメージがわきおこる。一つは日本の独特の文化の一つである庭園をお手本にした和式公園であり、もう一つは日比谷公園のように芝生や樹木や花壇を配置した洋式公園である。大規模な公園になると、たいてい両者が隣りあわせになっている。ときには奇怪な混交が見られる。私の家の近所の児童公園は広さは幼稚園の運動場程度だが、子どもの遊び場の隣りに柵を仕切って築山をつくった。下からコンクリートの曲がり道をつけて、てっぺんにあずまやを建て、中にベンチを置いた。たまにアベックが肩を抱きあっているぐらいで、ほかにだれかが座っているのを私は見たことがない。

和式公園と洋式公園はずいぶんちがうように見えるけれど大きな共通点がある。両方とも〝自然が少ない〟ということである。そんなことはない、緑はたっぷり配置してあります、という答が返ってきそうだが、その緑が問題になる。きれいに刈り込まれた芝生やきちんと植えこまれ整枝された樹木のように、デザインや装飾として配置された緑には生物のすみかやえさ場としての要素が乏しい。野鳥や小動物や昆虫やミミズや土壌の微生物までも含めた生命の饗宴がない場所を、自然と呼ぶわけにはいかないのだ。一方、野草がぼうぼうと生えた草原や、枝や幹が曲がったり自在にのびている林は、公園屋さんには目ざわりにちがいない。だから従来の公園づくりは、自然よりも芸術性に価値をおいてきたといえるだろう。

現在、いわゆる〈自然〉と称されているものは、だいたい三種類に分けられるのではないかと私は考えている。純粋の自然と、文化的自然と、自然的文化である。この三種類が混同されて使われているから、様々の誤解が生じてくる。〈純粋の自然〉は、人手がほとんど加わっていないか、長いあいだ加わっていないので原始の状態に戻った天然林や水辺をさしていいだろう。〈文化的自然〉は、人間の生活と干渉しあいながら共存している自然である。かつて薪炭林であった多くの里山や武蔵野の雑木林、のり篊《ひび》の立ち並ぶ海岸などである。〈自然的文化〉というのは一見は緑っぽいが、ほんとうは人の美的、思想的視点からつくりあげられた自然のプラモデルである。京都の名園はまさにその代表であろう。

話は先に飛ぶが、最近は公園づくりの潮流も変わってきたような気がする。ときどき私は公園関係者の会合に出席して意見をのべるけれども、雰囲気は以前のように硬くなくなった。はっきりと好意が感じられるのだ。若手の造園技術者は、今までの比較的狭い専門分野を広げて生態学や自然保護や人間を含む動物行動学まで含めた知識を、公園づくりに応用しようとしているふうに見える。これはとても心強いことだし、ナチュラリストたちと和解し、協力しあえるチャンスでもあるだろう。もともと都市の公園は容器にすぎない、というのが私の持論である。容器に入れる内容は、時代によって変わっていって少しも差しつかえないし、それが現代では〈自然〉であってほしいと私は願っている。

さてそうすると、私たちが大井埋立地につくろうとしている野鳥公園も、自然を回復させるために人間の技術が最高度に発揮されねばならないから、二番目の〈文化的自然〉に当たる。そして回復した自然を、環境の悪い都市内で維持するにもまた、人によるきめ細かな管理が必要になってくるだろう。これが人手を加えぬほうが姿をとどめられる原生林や原野などの自然と異なる点である。しかし相違を上まわって、この二つの自然は強く共通の要素で結びつけられている。それは自然が多様な生物相で構成されていることだ。これらの自然には、実に無数の生命体が満ち満ちているので、私たちが自然の中に出かけていくということは、様々の野生の生物たちに会いにいくということと同義語になる。人工的な庭園や、テレビの自然番組ではこういうわけにはいかない。

どちらかが道を譲らないと通れない

大井野鳥公園の設計についての最初の意見交換会は、五十一年の三月十七日に都庁で開かれている。「小池しぜんの子」からは四名が出席した。港湾局の海上公園課と日本野鳥の会の設計チームがつくった資料や原案をたたき台にして、私たちは質問をしたり、感想を言ったりした。母親たちは野鳥や公園づくりの専門的な知識は、設計チームのメンバーには及ばないが、代りに利用者である〈ふつうの都民〉の資格はたっぷり持っていたし、その中心になる〈子ども〉に関してはプロ並みであった。だから思いがけぬ指摘も生まれる。たとえばこの公園は野鳥の休息地としても面積はかなり狭いだろうから、飛来する野鳥をおびやかさぬために、野鳥のいる場所と人の観察する場所を完全に分離することになっていた。境界には壁をたてて、壁面にあけた小窓から人が鳥を見るのである。これは欧米ではもうふつうに行われている方法らしいので、これに問題はないけれど、その壁の穴の位置には神経を使ってほしいと注文が出た。野鳥公園には男ばかりでなく、女も子どもも老人も身障者も訪れるだろうから、窓の高さはいろいろでなければならない。結果的にはできあがった三・二ヘクタール分の公園は、まだ十分観察しやすいとはいえなかった。たとえば、壁の下部に段をつけてしまったので望遠鏡がとても置きにくい。

こういう点でもこの野鳥公園は具体的な細部の今後のテストケースにもなった。

この公園の重要な要素は、もちろん〈野鳥〉とその生息環境としての〈自然〉だが、同時に利用者である〈人〉への配慮がなければ困る。私たちはここを単に東京の野鳥保護区にしようとは考えていなかった。むしろここに来ればいつでも鳥に会え、自然に触れられる、楽しい場所にしたかった。だからほんとうはこのバリヤーは邪魔物であった。しかし三・二ヘクタールという狭い面積が、こうさせたのだ、と私たちは理解した。そしてひそかにやはりここは実験場にすぎない、と心の中でつぶやいていた。

これ以後、およそ半年間、私たちは一月に二度ほどの割りで海上公園チームと設計会議を持った。会議の場所も、二度目からは幼い子を持つ母親たちが参加しやすいように地元の区民センターに移された。「大井埋立自然観察会」や「帰ってきた海を守る会」のメンバーもときには合同で、あるいは個別に設計に関わった。当時はまだ市民運動を始めてホヤホヤの時期だったから気づかなかったが、これはまことに異例のできごとだったらしい。平凡に暮らしていたふつうの人々の要望を受けて、行政が自然の公園づくりを計画する。そこに自然や野鳥に専門的な知識と経験を持つ市民団体が加わって、三者が同じテーブルにつき、互いに議論をして、知識や情報を補いつつプランを具体化していく。これは行政と運動側の市民が激しく対立した従来の自然保護運動の型とは、まるきりちがっていた。べつに意識して争いを避けたわけでも、自分たちの主張を引っこめたわけでもない。運動の後半では話しあいの途中で煮えくりかえるほど怒り狂ったことが何度もあった。必要な場面?ではちゃんと人間、らしく争いもあったのである。ただ私たちは対立そのものが運動ではないし、運動の目的は、せっかく戻ってきてくれた野生の生物のために自然公園を実現させることにあることをいつも忘れなかっただけである。そのためには何としてでも行政の担当者を信頼させ、説得せねばならなかったが、その際に「小池しぜんの子」の女たちのソフトでしかも率直な姿勢はたしかにある役割を果したであろう。それにしても、この考え方が通用したのは港湾局の当時の担当者が、かなり自由な発想の持主だったからである。

そういうある日、私はぶらりと一人で大井埋立地に出かけた。二十五倍の観察用望遠鏡を買ったばかりで、そのピカピカの機体を肩にかついでいた。昭和五十二年には大森駅から大井埋立地方面へ行くバス路線は、まだ開通していなかった。私は自宅から大森までバスで十五分かかって行き、大森から浜松町まで国電に乗り、浜松町からモノレールで流通センター前駅に行くという大回りをしなければならなかった。京浜運河を越える京浜大橋の中央付近で、私は前方から歩いてくる二人連れの男の人たちを認めてびっくりした。一人はおなじみの企画部副主幹の樋渡達也氏であったが、色浅黒く眼鏡をかけたもう一人が、転任されたばかりの主幹の小倉健男氏だと気づくのにはちょっと時間がかかった。橋の片側の歩道は狭いので、どちらかが道を譲らないと通りすぎることはできない。二人は立ちどまって、どうぞという身ぶりをした。

「視察にいらしたのですか」と私はすれ違いながらたずねた。

「いやあ、ただの散歩ですよ。役人はヒマだから、ね」と小倉さんはいつもへの字に結んでいる唇をほころばした。樋渡さんも穏やかに笑った。二人はとても気の合ったコンビに見えた。私はもちろんただの散歩とは思わなかった。これから始まる〈野鳥のための公園〉という前代未聞の事業を引き受けた港湾局の担当者として、現場を見にいったのだ。いったいに港湾局の人々は現場王義であった。「小池しぜんの子」や「日本野鳥の会」のメンバーも、港湾局の巡視艇によくのせてもらって、東京湾のあちこちを実地に見学させていただいた。自然への理解は、机の上では生まれないものである。

しかし公の事業が担当者の個人的理解だけで進められるわけはない。環境問題に対する風潮がやっとこのころから、少しずつ変わってきた様子もうかがえる。

昭和四十年代は、スーパー林道やスカイラインが各地で自然保護団体の猛反対を押しきって開通された。企業の開発計画も一方的に押し進められた。その当然予想されるべき結果としての自然破壊、観光公害がだれの目にもあまりにひどいものだったので、推進者側だった国や県もこれ以上おおっぴらには開発を進めにくい雰囲気になってきた。昭和四十八年のオイルショックは、一般の人々が企業の敷いた経済路線を闇雲に走っていた自分たちの生活のあり方に、疑問を抱くきっかけになった。〈物〉だけで人間は幸せになれるものだろうか。初めはつぶやき程度だったこの声が、昭和五十年代を通過して都市を中心に各層にまで達する大きさになった。しかし六十年代に入って、この声が社会の構造を揺り動かすほど強力になるかどうか、私にはわからない。ヒトというヘンな動物のことを考えれば考えるほど、この先どうなっていくのか見当がつかない。でも部分的にしろ、あちこちに歯どめができれば全体としての動きはぎくしゃくして、鈍ってはくるだろう。大井埋立地の自然保護運動もその意味では、日本の社会の全体像と関わりがある。

「役人は議員と局長に弱い」

都の港湾局は海上公園の一環として、大井埋立地の野鳥公園と同時に品川区よりの勝島運河沿いにも自然の多い公園をつくる計画をたてていた。設計会議とは別に開かれた住民の意見交換会に私たちも出席し、この二つの公園には互いに補いあう有機的な関連を持たせるほうがよいと意見を述べ、都側もこれを了承した。歩いて二十分の道のりも、ユリカモメには一飛びである。市場建設の問題が思うままにならなくても、勝島の中央海浜公園に親水護岸や干潟があれば最悪の状態をまぬがれるであろう。数年内に建設される予定のマンモス団地の人々や、釣り好きの人々にも、水辺の復活は慰めと楽しみになるはずだ。

こういう話しあいの中で、それまで曖昧模糊としていた埋立地の実状がはっきりしてきたのは収穫であった。東京都の全埋立地二四四〇ヘクタールのうち、この時点ではすでに半分が売却ずみだった。この売却分には既設の海上公園八十ヘクタールが含まれている。残りのほぼ一二〇〇ヘクタールのうち、六〇〇ヘクタールは昭和五十五年以降に計画が具体化する保留地である。大井埋立地は正式にはこの保留地として扱われている。海上公園予定地は三九〇ヘクタールで、既設分と合わせると四七〇ヘクタール、全埋立地面積の十九％に当たる。このほかにさらに大井埋立地の野鳥生息地全域（ほぼ七十ヘクタール）を、公園に指定してもらおうというのが、私たちの運動の趣旨なのだ。今までの海上公園計画にその七分の一の面積を上のせしようとする大胆さ！　どうも後から考えると、日本野鳥の会さえも公園拡張の成功率についてはかなり低く見積もっていたようだ。日本中の自然保護運動が当時は袋小路に追いこまれていたのである。またもし港湾局が売却を差しひかえて、海上公園分にまわしたら数百億円の欠損となる。常識としてそんなことをお役所がするはずがない。でも私たちはこれらの事情をしっかり頭にいれたのに、少しも気持はぐらつかなかった。それはなぜか？　答は単純である。そこに野鳥がすんでいたから……。

海上公園チームのチーフともいうべき小倉さんは、話しあいの席上でも、自他に対してかなり辛辣なことを平気で言う面白い人だった。「役人は議員と局長に弱い」という名言は、のちのちの運動にたいへん役立った。こういう言葉は自らが役人でないかぎり出てこないものである。小倉さんにはその後、ポストが変わって建設部長や技監になられてからもたびたび相談に行って、行政の内側からの力になっていただいた。

小倉さんの言葉に刺激されたわけではないが、請願の採択後しばらく遠ざかっていた都議会対策も再考しなければならなかった。私の頭には大井埋立地の野鳥をどう守るかという問題が毎日こびりついていたとしても、議員諸氏にとってはほかの何千件の問題の一つにすぎないのである。いざという日になって「大井埋立地？　はてな？」では困るから、議会にもときどき顔を出しておかなければならない。私のメモ帳には五十一年十一月に住宅港湾委員長の鈴木善次郎氏に面会にいって、情況を説明したという記録がある。この席には港湾局から小倉さんはじめ四人が立ち会っている。鈴木氏には申しわけないがメモの一部を公開すると「……初めは適当にあしらわれているような気がしたが、しだいに態度軟化し、終りは好意的」などと書いてある。

メモ帳にはさらにその直前の十月末に堀越さんと日本経済新聞の記者を大井埋立地に案内していったこと、直後の十一月半ばには高木さんが中心になっていた「平和島運河の埋立反対の支援へ。TBSテレシックス」などとある。当時の私はまるでタコの足のようにつねに八方に接触を保っている。自分の根である人ぎらいや引っこみ思案にかまっていられないほど、運動の影響があちこちに波及してきていた。そして時折り、会の子どもたちとあるいは娘の知子や彩子と、ときには一人で訪れた大井埋立地には、あい変わらず鳥たちが平和に楽しげに暮らしていた。

また大井埋立地の次に数多く観察会のフィールドとして利用した多摩川の問題もあった。大田区に河口を持つ多摩川は上中流でほとんど取水されてしまうので、下流の水は生活排水、工場排水そのものと言っていい。また河川敷にはゴルフ場やグラウンドがひしめき、川岸は治水対策の護岸工事でがっちりコンクリート化されている。でもそんな下流の多摩川にも自然が息づいていた。五十年十月に、自転車で河口まで下った私は、大師橋付近で紫色の雲のように見える野ギクの群生地を発見して東京都の緑の監視員係に報告した。これはウラギクという局地的な汽水性の場所にのみ生える植物だった。また大師橋の前後にかなりの大きさの干潟が露出して、カモが休息し、シギが走りまわっていた。日本野鳥の会の調べでは、大井埋立地とこの多摩川下流の鳥類の移動には関連性があった。多摩河口は埋立地の野鳥のえさ場である可能性が大きかった。しかし東京都が進めている多摩川の自然環境保全地域指定計画は上中流が中心で、この一帯も河口も含まれていなかったから、私たちはこれについても東京都、環境庁、建設省宛に要望書を出した（『多摩川下流の自然環境保全地域指定に関する要望』昭和五十一年七月一日）。なぜかこの計画は途中で立消え状態になり、今もなお実現してはいない。

公園モデルプランづくり

昭和五十二年九月十五日発行の会報二十六号に、私は次のような記事を書いた。

野鳥の森公園が着工します　↓今秋から

私たちの要望している「大井ふ頭自然公園」構想に先立って、大井ふ頭の一部に「野鳥の森公園」が東京都港湾局によって作られることになりました。（中略）ここで「野鳥の森公園」に対する小池しぜんの子の基本的態度を整理してみたいと思います。

①従来の都市公園の型を破り、失われた自然環境の復元と野鳥保護を目的にしている点は評価される。

②自然公園としてはスペースが狭すぎる。自然回復のいわば実験場としての価値ならある。

③公園用地に指定されている場所は、荒地で自然の復元に適していない。現在大井ふ頭にはバン

の池、汐入池、干潟などを中心にして豊かな自然がよみがえりつつある。（中略）今ある自然をそのまま利用して公園を作るべきだ。失われた自然の復元には莫大な費用がかかる上に、現在の技術の範囲でどこまでできるか予測することはできない……。

東京都の提案に協力しているわりには、かなり否定的な論調が続いている。

……従って、この三ヘクタールの「野鳥の森公園」は、私たちが設計中の「大井ふ頭自然公園」（約一五〇ヘクタール）案の一部分としてのみ受け入れるべきである。「野鳥の森公園」完成のあかつきには、私たちの運動の実現化のためのＰＲ用として利用させてもらおう。

私たちはまさにそう考えていたのだった。そして海上公園チームとの交流と平行して、「小池しぜんの子」独自のモデルプランづくりに取りかかっていた。こちらは三ヘクタールのほぼ五十倍の広さの自然公園である。夢は大きいほうがいいと思ったわけではなく、本気で獲得しようと考えていた。わずかな公園予定地の中身を野鳥公園にふり替えただけでは、問題は未解決のままだ。むしろこれからが本番なので、この本番の意味を行政をはじめ大勢の人たちにわかってもらうことが大切なのである。以前から「大井埋立地を自然の公園にしたいのですが……」と説明に行っても、相手によっては私たちの舌足らずの言葉では十分通じないことが多いのをもどかしく感じていた。言葉よりも文章よりも理解しやすい表現手段は、視覚に訴える方法ではないだろうか。モデルプランは、基本的には最初に「小池しぜんの子」の会員から募集したデザインをたたき台にした。私たちの中には設計の専門家も生物学者もいない。無謀とも生意気とも言われかねないけれど、アマチュアであるかぎり何にもとらわれない自由な発想が可能である。どうしても実現しがたい部分は、あとでプロフェッショナルの人に修正してもらえばいいと思った。だから堂々とアマチュアを押しだそう、とこういうことになった。

そうは言っても自然公園づくりに必要な最低の知識やアドバイスを得るために、日本野鳥の会や国立自然教育園にはたびたび足を運んで、たくさんのことを教えていただいた。自然が主役という公園は、都市ではほかに類例がないから資料は集まらない。代りに例の三ヘクタールの野鳥公園の設計会議に参加していたことがずいぶん役にたった。

たとえばできるだけ多種類の生物にすんでもらうためには、自然も多様でなければならないから、池でも深さを一様にしないほうがいい。カモ類の好む浅い部分、カモメ類の好む深い部分、シギ、チドリのえさ場になる干潟状の部分があるほうがいいし、アシ原だけが広がるとオオヨシキリはふえても、セッカやツグミの生息には不利になる。草原も裸地もコアジサシやコチドリの繁殖に適する砂礫地もほしい。これらは野鳥側からの主張だが、母親の会員のあいだでは、厳密な意味での生物保護区や自然観察の場所のほかに、もっと子どもがのびのびと遊べる自然の部分をつくりたいという意見が圧倒的に多かった。自由に駈けまわれる草原、木登りのできる林、はだしで水に入れる海岸などを残したり復元したりしてほしい。そういう場所では虫を採ったり、貝を掘って持ち帰ったりすることも大目に見てよいのではないかという意見もあって、この点は運動の最後まで議論が続いた。

先にも書いたように、私たちは専門的な設計図は引けない。むしろ子どもにもわかるようにいくつかのポイントを具体的に絵で表現する、残りはイラスト風に、もちろんPRの意味をこめるのだから、できるだけ楽しく、仕上がりもきれいであってほしい。皆で集まって描いたり消したり、また描き直したりしてぐちゃぐちゃになった下絵を、きちんとまとめてくださったのは、山登りのほかに画筆をとるのも趣味だった斉藤一穂君のお父さんである。40×55センチの「大井埠頭自然公園モデルプラン」は、完成までに半年もかかったが、これはほんとうに夢のある作業だった。童話の挿絵のようにかわいらしい地図を、私たちはうっとり眺めたが、でもよく考えると、ここに描かれた自然の八十％はすでに現存していたのだ。だからこのモデルプランは、大井埋立地によみがえった自然の豊かさを結果的にはイラストで証明したのだともいえる。

私たちは続けてヒットを飛ばしたい

モデルプランができたので、私たちはますます勇気づけられた。早速、大田区長、教育長、教育委員会の理科研究部に手紙をつけてコピーを送った。当時、多摩川小学校校長で理科研究部長を務められていた平川幸治先生からは長文のお返事をいただいた。

「……自然の観察ということには、最近の学校教育はたいへんスケールが小さく、また部分的になっています。（中略）近くにこのような候補地があるなら、大いにこれを生かすべきだと存じます。今後、

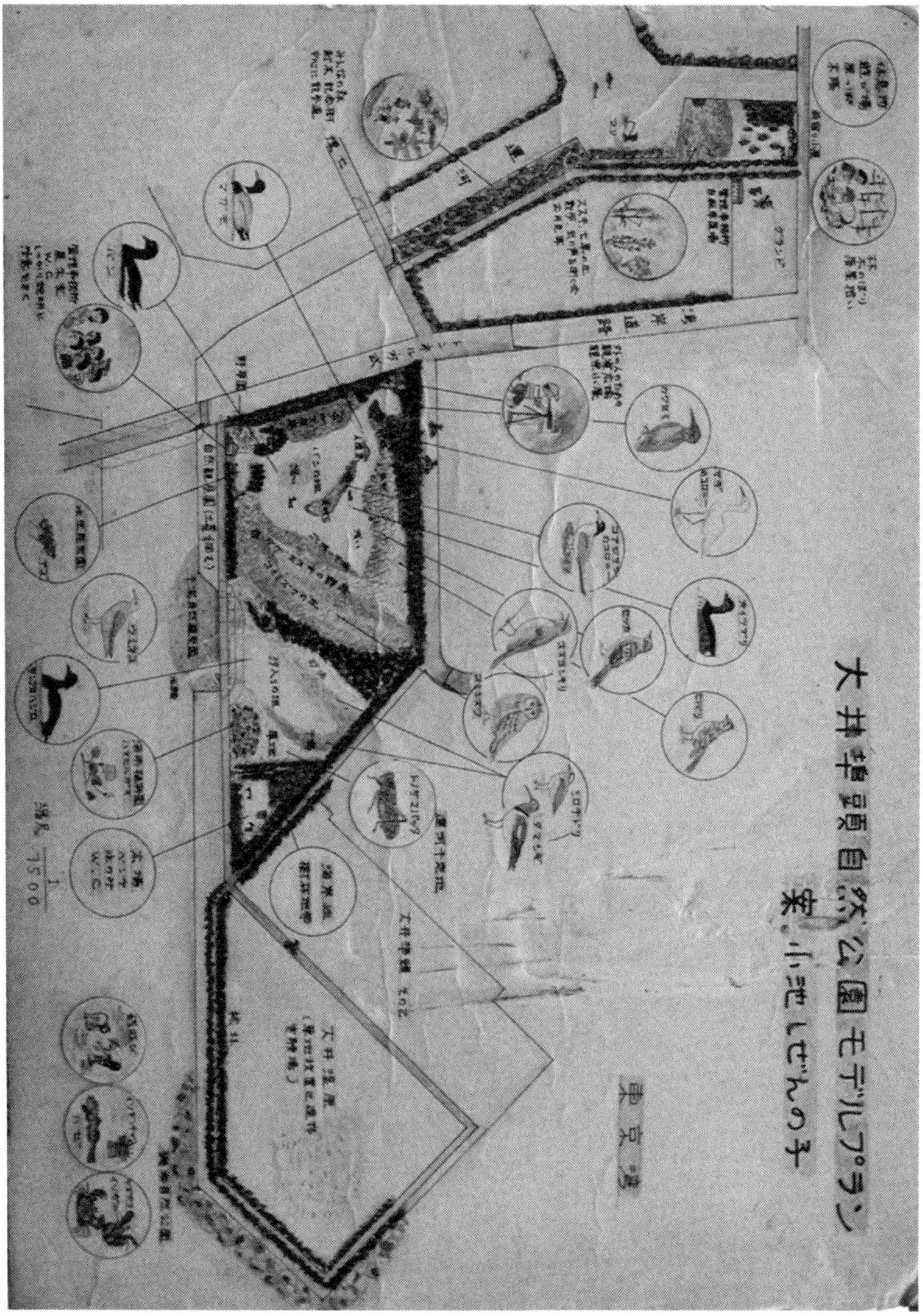
大井埠頭自然公園モデルプラン
縮尺 1/1500

区内小学校理科研究部に働きかけ、お考えに沿うよう努力したいと存じます……」

海上公園審議会のメンバーである市田さんからも、次のようなエピソードが伝わってきた。

「前回の審議会の終りに、いきなり大田区長の天野さんが立ちあがってね、東京都の役人の人たちに何て言ったと思います？」

「？　さあ……」

「大田区の大井埋立地に野鳥公園をつくっていただいて、ありがとう」

「まあ！」

「加藤さんたちのモデルプランの効果てき面だなあ」

「じゃあ、区長さんは宣伝をしてくれたわけだわね」

「そうですよ。大井埋立地の名が審議会委員一同の胸にしっかりと焼きつきました」

区長の天野氏には二度ほどお目にかかっていた。印象としては人柄はいいが、それほど頼りになりそうもないオジサマという気がしていた。その方が厳《いか》めしい審議会の席上、こんなパフォーマンスを行ったというのだ。天野氏にしてみれば、頭をひねった末、区長の立場を守りながらできる最大のことだったろう。教育長がほんとうに口ぞえをしてくださったのか、それともモデルプランの効果か、いずれにしても自然保護運動には有利な発言だった。そののち樋渡さんに会ったとき、氏は苦笑しながら私に言った。

「区長さんにお礼を言われたのは、役所に来てから初めてですよ」

私たちは続けてヒットを飛ばしたいと願った。海上公園審議会は港湾局に付属する知事の諮問機関で、委員は学識経験者、利用者代表委員、港湾に隣接する区の区長、都議会議員、関係行政機関職員の計三十名で構成されていた。三ヘクタールの野鳥公園（当時の正式名称では第七ふ頭公園）については、市田さんを含む七名の小委員会で検討されることになっている。まずこの人たちを味方につけたい。意見書にモデルプランをつけて、小委員会のメンバーに送ったのは、五十二年の二月だった。

『大井ふ頭の海上公園計画に関する意見書』

寒さの厳しい毎日ですが小委員会の皆様には、東京都海上公園計画のご検討に努力いただいております由、都民として心より感謝申し上げます。

すでにご承知のことと存じますが、大田・品川両区の地先、大井ふ頭の埋立地には、数年来渡り鳥を主とする一二〇種に及ぶ野鳥が生息しております。水生昆虫や海辺の生物も驚くほど増え、草原の緑も年々濃くなって参りました。私たちは、自力でよみがえって来たこの自然を保護育成し、都内に豊かな自然環境を再び回復するとともに、海に面した自然公園・自然観察園として都民の利用に供していただこうと、二年間にわたって様々な訴えかけを行って来ました。

過日の海上公園審議会では、野鳥誘致を目標に、大井第七ふ頭公園が造成されることが決定された由ですが、これは私たちの念願の一端がかなえられた措置と信じ喜んでいる次第です。

つきまして、この決議に関連して、地元住民グループとして、ここに意見、要望を述べさせていただければ幸いに存じます。小委員会の今後のご活動の上に、この意見書が反映されますことを、あわせて切にお願い申し上げます。

一、都内の公園の現況は都民一人当り約二・八平方メートルで、昭和五十五年度までには五平方メートルに増大させる計画とのことですが、この目標数字は外国の諸都市に比べても著しく低く、都民の生活環境、ひいては各人の健康・生命を守るためには、さらに大幅な公園面積の拡大が望まれます。私たちは、現在まだ開発されていない埋立地こそ、都内の緑地空間の増大のために、最大限利用されるべきだと思っています。

一、従来の都市公園には、いわゆる施設主義の色合が強く、芝生・遊具・建造物・グラウンドをいたずらに乱造し、自然の生態系を取り戻す真の自然回復を目差した設計はなされていませんでした。私たちは、これからの公園には、都内の自然の回復と保護という重要な目的を第一に掲げるべきだと思います。さらにこれらの自然公園の造成に当たっては、自然の回復力を十分に利用して、よみがえった自然に人間が手を加えて豊かにする方法を取るならば、経費の節約にもなり望ましいことと思われます。

一、現在でも地元大田区民は、区内外の工場・自動車による大気の汚染に悩まされておりますが、近い将来、湾岸道路の延長開通、市場の移転、流通施設の建設などが大井ふ頭で行われた場合、それに付随する公害の発生が、私たちの生活に多大の被害を及ぼすことは必至であります。反対に、もし大井ふ頭に大規模な自然公園が造成された場合には、私たちは郊外に出なくとも豊かな自然に触れる機会を得たのですから、都内の自家用車の利用を減らす一助になることも予想されます。

一、建設が決定された大井第七ふ頭公園は、湾岸道路計画に直面しており、面積はわずか三ヘクタールと聞いております。造成によってこの部分に自然がよみがえったとしても、現在大井ふ頭から羽田沖にかけて飛来している一万羽以上の野鳥の生息地としては規模が小さすぎることは明白です。また白金の自然教育園などの例を見ても、自然を保護すべき部分の周辺に相当規模の緩衝地域を設けなければ、都市の中で厳密に自然を維持することは不可能と思われます。

さらに、現在多種のカニ類、アサリなどの生息する干潟やアシ、ガマ、チガヤ、ウラギクなどが見事な景観を展開している湿地や草原も、都内の自然回復の貴重な証として、後代のために長く保存されるべきものと信じます。

一、以上の観点より、私たちは大井第七ふ頭公園の面積が現況より飛躍的に拡大され、大井ふ頭全面の自然が今後できる限り保護・回復されることを要望いたします。

昭和五十二年二月三日

小池しぜんの子

代表世話人　加藤幸子

東京都海上公園審議会

小委員会委員各位殿

小委員会の反応はとてもよかった。魚の博士の桧山義夫氏、園芸学の丸田頼一氏、利用者代表の中村淑子・和歌森玉枝氏にはのちのちまで何かにつけてご協力をいただいた。

手づくりのモデルプランは、大井埋立地の自然保護のPRに予期した以上の役目を果たした。私は出歩くとき、コピーをいつもバッグに忍ばせて、出会ういろいろな人に見せて歩いた。マスコミ関係でも話題にのぼり、テレビで放映されたり、新聞記事になったりした。港湾局や建設局の公園行政担当者、大田区の関係者にはもちろんのことだが、五月には都知事室も訪れて秘書の人に意見書とモデルプランを渡してきた。運動は上げ潮に乗ってゆっくり進むように見えた。

大風車に向うドン・キホーテか

ところが昭和五十二年は、晴れのち曇りであった。八月に入って妙なニュースが伝わってきた。都庁の機構改革によって、港湾局が解体されるかもしれないというのである。これはかなり確実な筋から私たちの耳に入ってきた。昭和四十二年に美濃部亮吉氏が都知事に当選以来、十年が経過していた。美濃部都知事は、それまでの都政ではぬけ落ちていた福祉と住民自治を尊重してきたが、このころになるとやはり疲れが出てきたのだろうか、経済面やシステム面での非効率と無駄が目だったのである。この時期に発表された第二次組織改革試案（第一次についてはいつ行われたのか、私は知らない）は、これらの面を改善して都政再建の一助にしようとするもので、二局の削減と局内再編成が主な内容であった。ところがその二局のうちの一つが港湾局だったのである。

「日本野鳥の会」も「小池しぜんの子」もあわてふためいた。そうだろう。これまで二年間、全力をあげて働きかけてきた相手が、幽霊みたいに消えてしまうのだ。そうしたら海上公園業務はまちがいなく、建設局の公園緑地部へ吸収されていくだろう。私たちと建設局のあいだがぎくしゃくしていたのは、前に述べたとおりである。いったいどうすればいいのか。とるものもとりあえず、都知事宛に要望書（『第二次組織改革試案発表に当たって「大井ふ頭の自然の保護と回復」についてのお願い』）をつくってまた提出した。

内容は都知事の推進している海上公園計画が従来の理念どおり実現されるために、港湾局を存続させてほしい、という多少こじつけ気味の要望だったが、私はほんとうに必死で書きあげたのである。でもこの広い東京都の一つの区のそのまた一地域にある草の根の会が、都政の方針について意見を出すことは、大風車に向うドン・キホーテである。いくら美濃部氏が都民政治を唱えていても、「小池しぜんの子」はあまりに無力な存在である。それではこちら側から知事を動かすものは何だろう？　都議会でしかありえない。そこでもう一度、都議会に同趣旨の請願書を出すことにした。請願の紹介議員には、大田区出身の各党の議員氏がいい。私たちはその人たちの地区の有権者であるからだ。もつれた糸をほどくようにして、「小池しぜんの子」の母親集会はこういう結論を導いた。今回はほかに「大井埋立自然観察会」と「帰って来た海を守る会」の連名で出すことにした。十日間ほど都庁のすべての党の部屋を歩きまわり、大田区出身議員全員の署名と判をもらうことができた。

都知事に要望書を提出したのは九月二十七日だったが、この折り私たちはもう一つ変わった〈作戦〉を試みている。それはかねて「小池しぜんの子」の母子が大井埋立地の自然をテーマに書いた作文や紀行文をまとめた手づくりの本を、十月一日の都民の日を記念して都知事にプレゼントしたのである。しかし実際に知事に会って手渡したわけではないから、あの作文集の運命はどうなったであろう。たった一冊しかなかったのに、と今になって悔まれる。当方で勝手に差しあげたのだからどう扱われようと仕方がないわけだし、多忙な知事が一つ一つ市民団体の書類に目を通していたら、それこそ都庁全体が崩壊してしまうだろう。それはよくわかるのだが、せめてひとこと、秘書室から子どもたちへメッセージでも送ってくだされば、皆どんなにか嬉しがったであろうに。

結局、この組織改革案のごたごたは十二月になってやっと解決した。都庁内でもこれについては賛否両論が渦を巻いたらしいが、港湾局廃止の件はひとまず中止されたのである。やれやれ、と私たちはほっとした。そして大井埋立地の野鳥を守るという一事だけについても、これほど複雑な問題が絡まりあっている行政の仕組を勉強したと思うことで、費した時間や労力を補おうとした。

昭和五十三年三月で、三ヘクタールの野鳥公園の造成工事はほぼ完了した。都内で初めての本格的野鳥公園ができたというので、マスコミの反響は大きかった。たとえば一月五日の朝日新聞は、広いスペースをさいて次のような大見出しで報道している。

「春が待たれる野鳥公園」「埋め立て地の自然保存　大井に四月開園」「自然保護団体の意見生かす……」

9 運動前線のおんなたち

大井野鳥公園のオープン

昭和五十三年四月一日に公式にオープンした大井野鳥公園は、マスコミの前人気も手伝って滑りだしはとてもよかった。〈都内では初めてのトリが主役の公園〉というもの珍しさにも引かれたのだろう。いわゆるバードウォッチャー以外にも、のぞきに来るふつうの人々がかなり多かった。しかし開園の初期に現われた訪問者は、新しい施設をキョロキョロ眺めてからつまらなそうな顔をして立ち去った。〈トリ〉の姿がまだどこにも見えなかったからである。心得たバードウォッチャーはさっさと公園を後にして、バンの池や汐入池で野鳥観察を楽しんだが、ふつうの人々はそこまで気が回らない。

実際に、正直のところできたてのホヤホヤの野鳥公園の内容はすばらしいとは言えなかった。オープンしたばかりのある日、「小池しぜんの子」の母親グループは誘いあっていそいそと野鳥公園の初見学に出かけた。そしてすっかりトリ乱して帰ってきた。

「まるで宇宙基地よ。プールの中に石のごろごろした島が二つ浮かんでいるの。ロケットでも発射する気かしらね」

自分たちも設計に加わって、ある程度抱いていた公園のイメージと現実との落差があまり大きかったからである。土の感触と草木の香りあふれる公園を想像していたのに、私たちをまず迎えたのは鉄《てっ》平石《ぺいせき》でおおわれたみごとな階段であった。たしかに樹木は、一般の都市公園に比べてかなりの密度で植えられていた。設計会議で了承したように、種類も豊富で、高木、中木、低木と生態的モデルどおりに配置されていた。でも何といっても植えたばかりだから、隙間だらけの林である。大気汚染に耐えて森林らしく育ってくれるだろうか。観察広場もコンクリート張りで、ローラースケートもできそうである。煉瓦と木材を組みあわせたバリヤーの観察窓から眺めた園内の風景が、また異様なのだった。人工池から露出した二つの島には灰色の砂礫が敷きつめられているだけで、緑のひとかけらも見あたらない。もっともこの部分は、がらがらした裸地を好むコアジサシやコチドリの営巣地を想定してつくられたのだからむりもない。砂礫の下には、草の生育を抑制するために穴あきゴムシートが敷きつめてあるのである。侵入した草の種はゴムシートの穴の部分のみから発芽して、鳥の巣づくりの安全を守るように工夫されている。土盛りした岸辺の部分にもまだ野草の侵入は見られなかった。代りに幾種類かの園芸植物が目だった。

「どーして野鳥公園にバラが咲かなくてはならないの？」と小沢さんが呆れたように言った。

なるほど観察窓の下に朝露を含んだ黄色いバラが花弁を輝かせている。

「あれはスイレンの葉だわ。何かの冗談かしら」と私もつぶやいた。冗談ではなかった。植栽図の上では野生のノイバラでありヒツジグサであったのに、いつのまにかバラとスイレンにすりかわってしまったのである。そのほかにヤブツバキという指定がオトメツバキに変わっていたり、いろいろの手違いがあった。こんな調子だったから、当然野鳥の姿もほとんどまだ見られなかった。もっとも庭のえさ台だって、すぐに鳥が来るわけがない。最初の一羽――一〇〇%スズメといってもいいが――が勇をふるって試乗してみるまでに二週間はかかる。条件のいい生息地を背後にひかえ、人の出入りの激しい人工の自然に野鳥が慣れるまでには、二、三ヵ月はかかるかもしれない。

私たちはとても心配をした。来園者が多いことが、かえってマイナスになりそうな気がした。そのうえ、どうしたのか東京都は公園の管理を日本野鳥の会に委託するという約束を実行しなかったので、野鳥公園には案内をする人がだれもいなかった。来園者はこの公園が何の目的で作られたのかさっぱりわからないまま、引き揚げていくのだった。

「なーんだ、何もいないんじゃない。つまらないの」というすてぜりふを耳にしたこともある。

実際には鳥影が少ないといっても、土手の下方にカルガモがうずくまっていたり、ハクセキレイが水面をチチン、チチンと横切ったりすることもある。でも野鳥観察が初めての人には見えないのである。見なれないものを見るためには、それなりの見方を教えてもらえば楽なのだが、その機能が果たされていないのが初期の野鳥公園の状態であった。あとで聞くと、東京都の無料の公園で、公園の管理員（国立公園のレンジャーに相当する）を置いている所がなかったので、内部でいろいろともめたのだそうである。私は野鳥公園は従来の都市公園とはちがい、自然を維持したり、お客さんに野鳥を楽しんでもらうためには、常住の指導員をぜひ置いてほしいのです、と港湾局にかけあいに行った。数ヵ月たって、やっと東京都と日本野鳥の会の話しあいがまとまった。環境管理と調査という名目で、日本野鳥の会の職員の小河原孝生《おがわらたかお》さんと会員の叶内拓哉《かのうちたくや》さんが派遣されることにきまった。だから実質的なオープンは彼らが通いはじめた八月三十日であった。そしていよいよ、大井野鳥公園の軌道修正工事が始まった。

設計図と現実の野鳥公園とのあいだの差異を見つけて整える、あるいは設計どおりにつくられていても、実際には野鳥の生息環境には向いていなかったという部分をつくり直す作業である。きめ細かく人力でしなければならないことが多いから、これには大量の労働力が必要だった。東京都にはこれに当てる予算はないし、しかもこの作業にたずさわる人には野鳥の立場に立って公園を考えることができる知識が要求された。この手直し工事は、鳥のためなら奉仕をいとわない会員がたくさんいる日本野鳥の会だからできることであった。連日のように会員の若者たちが来て、樹木を植えたり、枯木を除去したり、人工池の岸に大量の泥を運びこみ、均一に深かった池に浅瀬や干潟をつくった。官製では不可能のこの奉仕作業は、今もボランティア制度として東京港野鳥公園に引きつがれている。

一方、自然の回復力も目ざましかった。一夏のあいだに野草が勢いを盛りかえし、黄色いバラは緑の波間に沈んでしまった。ヨウシュヤマゴボウやヘクソカズラが這いまわり、おいしそうに色づいた実が鳥たちを引きつけた。池もただのプールから、水草やアシの茂る自然の水辺らしく変わってきた。五十三年の秋までに、野鳥公園の園内だけで観察された鳥の種類は四十一種であった。コサギ、カモ、カモメ類のほかに、サンコウチョウやコサメビタキなどの山の鳥も渡りの途中に立ち寄っている。都市の中に自然を呼びもどそうとした実験の成果が、少しずつ証明されてくるようで嬉しかった。

WWF日本委員会三十万円を支給してくれる

大井埋立地に、小面積ながらも野鳥の永住地が確保できてほっと一息いれたころ、「小池しぜんの子」の活動に助成金を与えようという団体が現われた。この団体は一九六一年スイスで組織されたWWF（世界野生生物基金）という国際的な自然保護団体である。動物園や水族館におかれたパンダのマークの募金箱を見て、思いだす人もいるだろう。その日本委員会が五十三年度の助成対象の一件に、「小池しぜんの子」の活動を選び、「大井埋立地に自然公園を設定するための調査」費用として、三十万円の大金（私たちにとってはそうだった）を支給してくれるというのである。私はとるものもとりあえず、会員には会報で、リーダーにはリーダー会席上でこのニュースを説明し、五月から六月にかけて数度の母親集会を開いてこのお金をいかに使うかを検討した。様々の意見が出た。会報四十号から、声のいくつかを拾ってみよう。

「私たちの会の特色は無色透明、子どもと親と若者たちが旗印なのだから、それにふさわしい方法で大井埋立地の自然をＰＲするのに使いたいわ」

「この助成金の使用法は与えられた会にまかされてはいるけれど、ＷＷＦには報告書を提出することが義務づけられているの。だからその内容を専門的な調査報告にしないで、だれにでも楽しく読めるガイドブック調にしたらどうかしらね。大勢の人の手に渡って、大井埋立地全体の自然公園化に賛成してくれるように、世論を起こしたいわ」

「賛成。写真やイラストをたっぷり使って、文章も小学生から読めるようにやさしくする。定価は安く抑えて、たくさん売って、今後の運動資金にすると……」

「編集事務や原稿書きは会員やリーダーが分担してもいいけれど、編集長はやはり経験者がほしいわね」

「印刷しただけでは売れないわよ。つくると同時に催し物を企画して、その会場で販売するの。フォーク歌手を呼んできたいわ。イルカなんてどう？」

「いいわね。彼女の歌大好き」

私はふつうの主婦だと思っていた彼女たちが、意外に商才を発揮するのが面白かった。こういう眠れる才能を、世の常識はたいてい腐った卵にしてしまうのである。結論としては次のようなことになった。文章は現リーダーで生物学科出身の大塚豊さんと私、イラストは野鳥の会会員の谷口高司さんが担当し、編集のチーフは、私の日本自然保護協会時代の同僚で、自然観察会のリーダーにも助っ人で来てくださっている市田豊子さんにお願いした。そして表紙は堀越保二さんが快く引き受けてくださっ

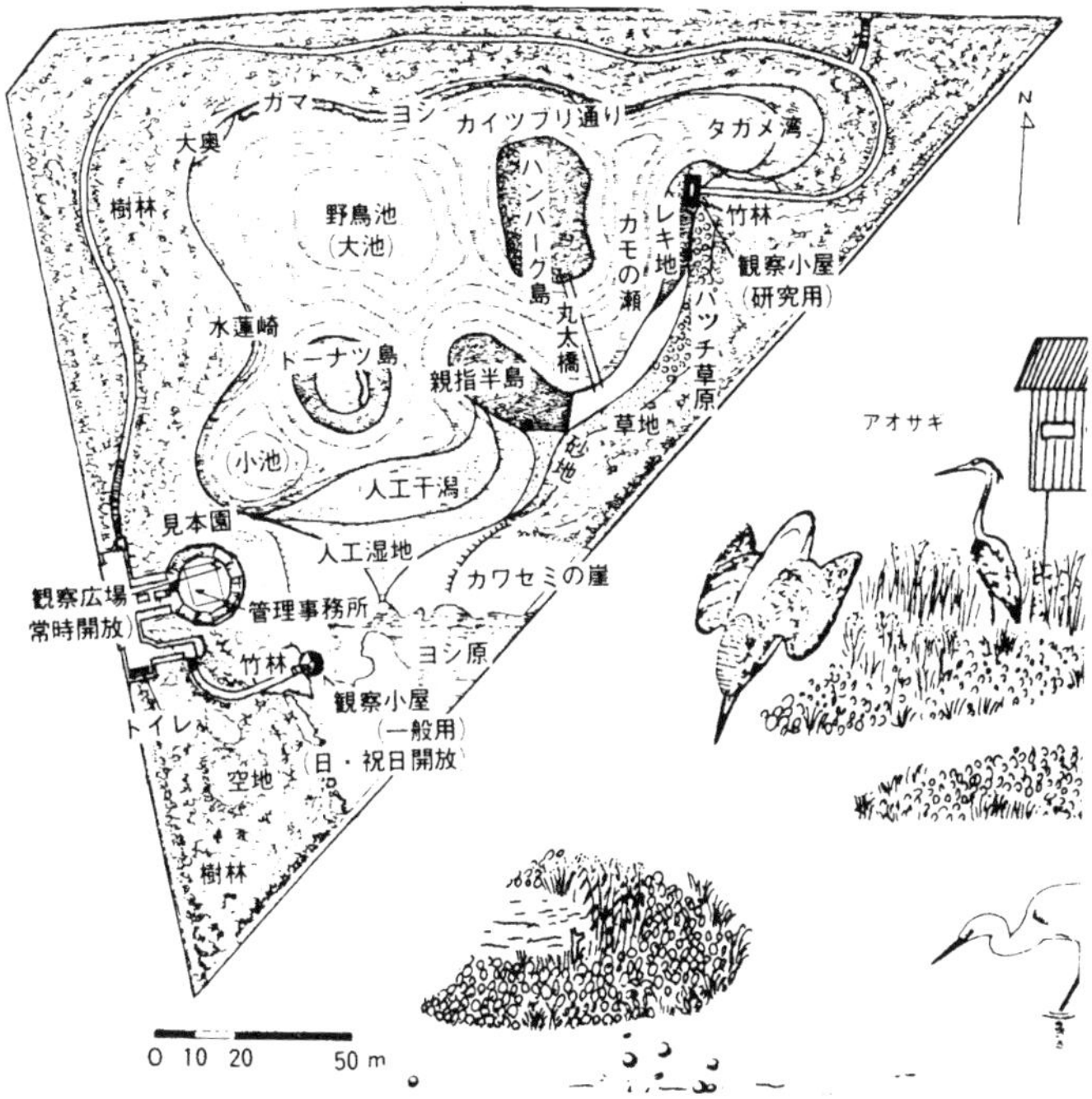

大井野鳥公園

（『大井野鳥公園の自然』より）

た。のこりの事務は一切、「小池しぜんの子」の女グループがとり行う。

ところで宣伝をかねた催しの件は、予想どおりにはいかなかった。ガイドブックの印刷費が一千部で二十三万円ほどの見積りになってしまったのだ。編集や執筆はもちろん自前だが、発送費にかなりかかってしまう。助成金内ではこれがぎりぎりの線であろう。印刷したあとで利益金の額によって、次の段階で考えてみようということになり、企画はお流れになった。

「小池しぜんの子」発行の自然観察ガイドブック『鳥・水・緑——東京湾大井埋立地の自然』ができあがったのは、翌年の四月であった。水色の地に浮きあがったダイサギの版画を表紙にしたこの小冊子は、定価が二〇〇円という安さと、大井埋立地の自然を愛する人々の協力と日本野鳥の会の組織網のおかげで飛ぶように売れた。学校のクラブやボーイ（ガール）スカウトなどでまとめて買ってくれる機会も多かった。五月十三日の読売新聞に「大田区の小中学生とその両親で作っている自然保護グループが手造りのガイドブックを出版」という記事が出て、一般の読者からの申しこみも三百人にのぼった。その後三年間に『鳥・水・緑』は三刷計六千部が発行され、そのほとんどが売れてしまった。大井埋立地の自然が有名になったのは、このガイドブックの功績も大きかっただろう。またこれは私の発案で、ガイドブックの最後のページに一枚のハガキをはさみこんだ。「大井埋立地を自然公園にしてください」という文面の後ろに、自由に意見の書ける空欄を残したハガキである。宛先は都庁気付の港湾局長である。たぶん当時の局長の島田信二氏の仕事机の上には、『鳥・水・緑』の読者から寄せられた、何千枚かのハガキが積まれたはずだ。

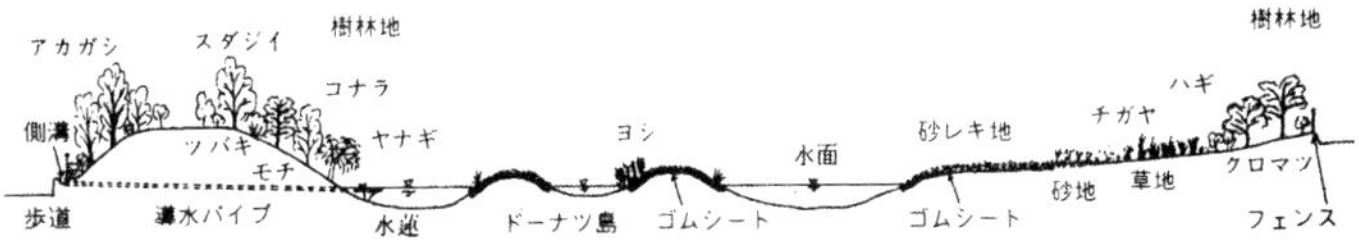

野鳥公園断面図

(『大井野鳥公園の自然』東京都港湾局・日本野鳥の会)

〈星の王子アボセット〉降り立つ

そのころ東京都は一つの重要な自然保護の問題を抱えていた。

多摩川の支流、日原《にっぱら》川上流にある天祖《てんそ》山は石灰石の産地だが、採石業者への貸付期限が五十四年三月で切れることになっていた。秩父多摩国立公園に属する奥多摩は、東京随一の山岳地帯であったが、最近は天然林の大半がスギやヒノキの植林地となり、採石による自然破壊の痛々しい光景があちこちに見られる。その中で日原川上流一帯のみが、ブナ原生林や鳥獣生息の砦になっていたのだ。業者への契約が更新されれば、天祖山の山塊の三分の一が消えてしまい、石灰岩地帯特有の植生も動物や野鳥とともに滅んでいってしまう。採石業者の再申請に対して都内の自然保護団体は激しく反発した。私はたまたまこの時期に、開発案を諮問された東京都自然環境保全審議会委員の都民代表に選出されていて、始めから終りまでこの問題の経過に関わりあうことになった。私自身はもちろん自然保護の側から、これ以上の採石について様々の意見や疑問を唱えつづけていたのだけれど、過疎地域の振興を計るという大義名分のもとに、開発業者の肩を持つ委員がかなりいた。そして一年にわたる会議の激しい攻防の末に、とうとう強硬手段で押し進めた東京都側の事務局と開発賛成派の委員に押しきられて、契約更新がきまってしまった。まもなく霊山としての天祖山の命も、野生生物とともに失われていくだろう。

林業を生業にしてきた山村の生活が、行きづまりつつあることはたしかである。都会人にとって、建設材料の石灰もある程度は必要である。そこへ採石会社が過疎の町に救い主のように現われて、地元に経済や交通の便宜をもたらしたことも事実である。しかしこれはあくまでも一時しのぎの手段とみるべきであった。七年間の契約が過ぎてしまえば、石灰資源は消失している。会社が引き揚げたのちに、雇用されていた地元の人たちはどうなるのだろう。ほんとうの山村の振興は、自然との共存体制の中で創造《クリエイト》されなければならないはずなのに……。何という無責任な決議だろう。

こんな体験をして、私はしだいに東京都の行政に関わる人々を信頼する気持から遠ざかっていった。大井野鳥公園が完成すると、樋渡氏や小倉氏の口も何となく重くなったのが感じられた。個人的な感想はともかく、公園をさらに広げることについては、これ以上はっきりしたことは言えないという立場を取っているように思えた。私はやはり二人とも行政の内側の人なんだな、といらいらした。師走も押しつまったある日、私は思いあまって一人で都庁に小倉主幹をたずねて、詰問した。

「あの公園だけで、大井埋立地の野鳥全体を保護できるはずはないでしょう。東京都はどれほどこのことを真剣に考えているんですか？」

小倉氏は慎重に答えた。

「汐入池まではシビアでしょうね。ただバンの池をどのくらい確保できるか……。今、ちょうど港湾審議会が編成されたところです。この会で委員の先生方に、従来の利用計画を現状にあわせて見直し、埋立地の全体利用についての基本的意見をまとめていただく。これを受けて私たち港湾局が改定計画案を作ろうと思っています」

　前半は気に入らなかったが、後半はたいへん暗示的だった、ように私には思えた。よし、次に働きかけるのは港湾審議会なんだな、と私は独りで合点した。ところが同じとき、ショッキングな事実も知らされた。干潟の東側にあたる大井ふ頭その二の一部が、生コン工場に売却されてしまった、というのだ。まもなく工場建設が始まるという。今までのように悠長にかまえていると、次々に埋立地の開発が運びそうな気配である。中断されていた湾岸道路の建設も動きはじめた。半年前に都の首長が変わった。美濃部氏に代わった鈴木俊一氏の方針なのだろうか。私は不安に陥った。昭和五十五年はどういう展開になるのか、予想がつかない。

　翌日、また一人で今度は汐入池に出かけた。数日前にレンジャーの小河原さんが「珍しいお客さんが来てますよ」と言ったことを思いだしたのである。岸辺に立つと、双眼鏡を使わなくてもすぐ見分けがついた。カモの軍勢から少し離れた水中に、星から降りてきた王子のような鳥が立っていた。純白の地に黒い流線型の模様、長くそったくちばしを持つ彼の名は、アボセット（ソリハシセイタカシギ）といった。通常はアジア大陸の奥地やヨーロッパに生息し、日本には過去三回迷鳥として姿を現わしただけだという。このふしぎな異国の鳥を、大井埋立地の野鳥は特別の抵抗も関心も示さずに冷静に迎えいれていた。受けいれられる環境容量があり、相手が敵でないかぎり、ストレンジャーも好きなときにきて、好きなときに去っていく。そういう野鳥の暮らしがちょっぴりうらやましい。

この〈星の王子〉は、私たちを励ますように五十五年の四月まで汐入池に滞在していた。この情報が全国の野鳥ファンのネットに伝わったらしく、その期間各地からはるばると望遠鏡やカメラを持って見にくる人が多かった。アボセットは春のある日、ふいに姿を消した。故郷の仲間が恋しくなったのだろうか。でもいつかふたたび、戻ってくる日のあることを私はなぜか信じているのである。

大田区の内部では、天野区長の「ありがとう」発言を皮きりに、区会議員や公害環境部の職員のあいだで、私たちの運動を支持する雰囲気が高まっていた。これは私たちの説得工作が効果を表わしたということがあるけれど、五十四年の二月に、大井ふ頭その一、その二の帰属をめぐっての十年越しの領土争いにけりがついたという事実の影響もあるだろう。都の自治紛争調査委員会議は、大井市場予定地、つまり現在の野鳥生息地と大井ふ頭その二を大田区に、大井ふ頭その一の北側区域を品川区に分割する案を提示して、両区がこれに同意したのだった。こうなると、埋立地の利用計画の直接の利害を受ける地元区は反応が早い。大田区にしてみれば、この新領土を地元の自然保護団体が主張するように野鳥生息地のまま残すほうがいいのか、それとも計画どおり都の卸売市場が移転してきたほうがいいのか、本気で考えねばならないからだ。その考えの方向が、たぶん私たちの主張に近いものであったことは想像ができる。これまでの大田区には、田園調布などの一部の高級住宅地を例外として、公害で灰色というイメージが強い。自然の公園は、区民にとっては一種の掘出物なのである。

しかしさすがは区役所であった。こういうときもぜったいに「市場はノーで、自然公園はイエス」とはだれもいわない。ただ何となく私たちへの態度が好意的になり、公園拡張の問題に関心を持つ人がふえたのである。その中で、九月の区議会で代表質問をした区議の佐々木のりお氏の態度は一貫してさわやかであった。「完成した大井野鳥公園は面積が狭すぎる。将来、バンの池、汐入池がつぶされて建物が立ち並ぶようになれば、野鳥公園の名を返上しなければならない事態に立ちいたるのは明らかである。区当局は、現在の野鳥公園は将来の公園の一部との認識に立って、周辺の池も含めたより大規模な自然公園の建設のためにご尽力いただきたい。さらに区議会にも強力なご支援をお願いしたい」。私たちの言いたいことを代弁した、こんな内容の質問であった。

アボセット
（川原田史治氏提供）

大田区には、「小池しぜんの子」や前述のグループのほかにも、数人の特別に自然の好きな人たちがいて、このころには皆お互いに顔見知りになっていた。「大田自然を守る会」の簡典久《かんのりひさ》さんと佐々木了助さんは、六十代と七十代の私の〈花友だち〉だった。二人ともこよなく野花を愛し、多摩川や大井埋立地をひまさえあれば歩きまわって、新発見を電話で知らせてくださったり、写真を送ってくださったりした。住まいが近所の佐々木のりお氏を野外に引っぱっていって、とうとう〈自然派議員〉にしてしまったのは、この二人の力である。

九月二十七日には、大田区議会都市対策委員会委員長の織田氏（「小池しぜんの子」会員の織田君のお父さん）の骨折りで、委員と地元自然保護グループの懇談会が開かれた。「小池しぜんの子」「大井埋立自然観察会」「大田自然を守る会」「日本野鳥の会」から十名が出席して、これまでの経過と要望を述べたあと、議員諸氏から熱心な質問が出て、はりきって帰ってきたのを覚えている。

こちらが情けなくなったお役人の弱気

昭和五十四年四月八日、第九回の統一地方選挙で自民・公明・民社の推薦した鈴木俊一氏が、革新候補を破って都知事に当選した。自然保護の問題は、党派にとらわれていてはだめだとつねづね思ってはいた。とはいうものの、前知事のつくった海上公園構想が、鈴木氏の時代にどのように変化するかがとても心配だった。「どうなるかしらねえ」とか「だいじょうぶかねえ」などというかなり疑問符のついた会話が、「小池しぜんの子」や「日本野鳥の会」の会員のあいだで飛びかっていた。

もっとも腹だたしかったのは、知事が交替すると、急に私たちのようなふつうの市民との話し合いに高圧的な態度に出るようになった役人が何人かいたことだった。こんな人々は問題外としても、以前はかなりまじめに応待していた人までが、すっかり弱虫になってできるだけソツなく追い返そうと努力するのを感じて、こちらが情けなくなった。またこういう体制に組みこまれている、現代の男たちに変な同情を感じたりもした。長期の都政担当者としての美濃部氏には、後半いろいろと風当りが強くなったが、少なくとも在任中には都庁の職員のあいだに自由な、のびのびした雰囲気があったことを認めたい。また当然のことだろうが、都知事の交替にともなって都庁内での人事異動が激しく、これも心配の種になった。今までの経過を知らない人が埋立地の担当になった場合には、四年前にさかのぼって一から説明をしなければならないのである。これは相当にエネルギーのいるしんどい仕事であった。

港湾局でも担当者の異動があった。小倉氏はとどまったが、樋渡氏は都市計画局の緑政課に転出していかれた。樋渡氏からは無知に等しかった行政の仕組をずいぶんレクチャーされたものだ。今でも都庁の中で出会うと、なつかしげに大井埋立地の話をし合う一人である。

私たちは新しい都知事にも、大井埋立地の自然に興味をもってもらうための作戦を考えた。ちょうど目の先に環境週間が迫っていた。知事就任の最初の環境週間の記念に、完成したばかりのガイドブック『鳥・水・緑』を贈ろう。「大井埋立地自然公園促進についての要望書」をつけて……ということになり、六月四日に都知事室に持っていった。新しい秘書氏は、大井埋立地については新聞で読む程度に知識があったが、ほかの団体からの陳情も山ほど抱えこんでいる様子であった。私たちは駆け足で、五十年の「小池しぜんの子」と大井埋立地の劇的な出会いからこれまでの由来を話したのだが、何せ時間が短かすぎた。

秘書氏は立ちあがり「よく勉強してみます」と言った。廊下で小沢さんが「希望を持ちましょう」とつぶやいた。当時会報の編集係をしていた原田良子さんは、陳情に加わったのは初めてなので、のん気に「親切な方ですね」と言ったが、秘書氏の机の上に山積みされた書類の中から、私たちの要望書が頂に這いあがって新都知事の目に直接とまる確率がどのくらいあるものか。思わずため息が出た。ええい、この際ついでに都庁内に広く宣伝しておこう。現代は売りこみの時代なのだ、とそれから三人は婦人青少年部、広報部、都民提案課を回り、そのあとで、都市計画の樋渡氏のところに行った。東京都の開発計画は、最終的には都市計画審議会を通過して具体化されるのである。樋渡氏は「自然環境部にもコピーをおきにいらしたほうがいいですよ」と勧めた。

本庁を出て有楽町駅を通り越し、駅前の有楽町電気ビルまで歩いていき、都庁分室のある十六階の自然環境保護部を訪れた。これらすべての部屋で担当者に会い、大井埋立地と自然保護運動のあらましについて喋り、要望書をおいてきたのである。口の中はからからになり、頭の中には同じ文句が渦を巻いていた。最後に街に出ると、近代的なガラス張りのビルに夕焼けが反射していた。見あげた空にゆらゆらと魚のように雲が泳いでいた。ドバトがビルの屋上を旋回していた。都市の中の空隙を占めているのは、やはり自然であった。自然は物陰にひそんで、人間が自己破壊の衝動に駆られる時期まで忍耐強く待ちつづけているのかもしれない。

四年前の都議会宛の署名のときにも、同じように歩き回った。でもそのときは前途に何が起こるかも知らなくて、希望にあふれていた。私はふとギリシャ神話のシジフォスの運命を思いだした。神々の怒りに触れたシジフォスは、大石を山に運びあげる労役を課せられるが、大石は山頂に着くやいなや必ず転落していくのである。この無限の作業を、アルベール・カミュは人間存在のあり方である不条理と重ねあわせた。私の頭にも一瞬だが、自分たちの運動は終りなき繰りかえしにすぎないのではないかという疑念がかすめたのである。両脇の小沢さんと原田さんも、くたびれきった顔で雑踏にもまれていた。「小池しぜんの子」の発足から七年がたっていた。

「小池しぜんの子」の内部では、別の悩みが生じていた。皆で気持をそろえて歩いてきたはずの女たちの足並みが、いろいろな事情から乱れてきたのである。主な理由の一つは、夫の転勤、転居、自分の再就職、子どもの中学進学などのため、古くからいっしょに活動してきた何人かが前線から離脱していったからである。代りに子どもとともに新入会した母親がふえて、全体的には母親集会もにぎやかになったのだが、発足当初からの顔ぶれは激減した。中でもがっかりするのは、突然の夫の転勤発表でせっかく育った優秀な戦力が一夜にして失われるはめになることだ。でも見方を変えて、タンポポの綿毛が遠くの土地に飛んでいって繁殖すると思えばいいのかもしれない。現にお便りにはきまって、その土地の自然に家族ともども親しんでいますと書いてある。心の中にまかれた自然保護の種子は、きっとどこかでいつかは芽を出すだろう。

しかし実際には、少しずつ世代のずれた新旧のメンバーの統一はとてもむずかしいものだ。皆がいい人であるほど、互いに遠慮っぽくなったりして動きが鈍ってしまう。それに集まりへの出席者はふえたとは書いたが、子ども会員の増加数に比べれば増加率は減少しているのである。ガイドブックやマスコミのおかげで、子どもの入会希望者はあとを絶たなかった。観察会を始めたころは十二、三人だったのに、今は会員が七十人にも及ぶ。九月二十三日の大井埋立地の自然観察会参加者は、子ども四十八人、母親七人、リーダー七人であった。事故を起す危険率は増大しているし、現代っ子たちはあい変わらずやんちゃをしてリーダーをはらはらさせる。当時のリーダーたちにはほんとうに気の毒なほど重荷を負わせてしまったと思う。

それにしても東京の子どもたちは――というよりは親たちかもしれないが――たしかに自然欠乏症にかかっている。身のまわりから接触できる自然が見えなくなったために、皆が漠然とした危機感を抱いていて、「小池しぜんの子」がその一つの脱出口になったということもありうる。しかし自分の子を手軽に入会させた親の層が、〈自然のために自分ができることをしよう〉という「小池しぜんの子」の趣旨を完全に理解したとはかぎらない。つまり会全体の肥大化とうらはらに、自然観察会の運営や自然保護運動に積極的にかかわる顔ぶれは固定化してしまったのである。私はこのことが気になって仕方がなかったのだが、緊急事にまぎれて調整する暇がなかった。そしてこのガタガタした状況のまま、ついに運動の最大のピークとなる昭和五十五年を迎えてしまった。

10 署名の季節は暑かった

ここらで署名をドカンと集めないと

新しい年が明けて十二日目、私は野鳥公園のレンジャーの小河原さんと、一年間サブレンジャーを務めることになった大塚さん（『鳥・水・緑』の執筆者の一人）に自宅に来ていただいた。

「運動を始めて五年たったのよ。そろそろ今年はけじめをつけたいわ」

「そら、そうです」

小河原さんのイントネーションはいつも尻上りだ。彼は京都生れで、獣医学部在学中に学生運動や環境保護運動を通過している。東京には大井野鳥公園の誕生とともに、日本野鳥の会の招きで来たばかりだから、当分関西弁は抜けそうにもない。だからまじめな話をしているときにも、ユーモラスに聞こえてしまって関東人は多少面くらう。

「どうしたら東京都の態度をはっきり自然の側にもっていっていかれるかしらね」

「ここらでもう一度、署名でもドカンと集めんとあきまへん」

「そういったって『小池』の力はもう限界よ。これからは大井埋立地に関わりのあるグループが皆で、積極的に進めていくのでなければやっていけないと思うの」

『日本野鳥の会』がついてますから、大丈夫」と小河原さんは請けあった。しかしほぼ一年間のつきあいで、彼がナポレオン男だということが私にはわかっていた。ナポレオンのバイタリティーはすばらしいが、結局は伏兵の〈雪〉という自然現象によって敗退してしまう。私は傍で黙ってにこにこしている慎重派の大塚さんにもたずねた。

「できるかしら？」

「できますよ。ぼくが署名集めの事務局を担当してもいいです」

私はほっとした。どうやら今回は「小池しぜんの子」が先頭に立たなくてもすみそうだ。

「じゃあ、進めてください。それからさっきの話だけれど、署名活動を機会に大井埋立地の自然を守りたいという気持のあるグループが一つにまとまったらいいと思うのよ。協議会のような形で体当りするほうが、ずっと強い力になるでしょう」

「そら、必要です」と小河原さんも賛成した。

「野鳥公園の拡大協議会ですか？」

「野鳥は自然環境のシンボルだからそれでもかまわないけれど、一般の人には自然教育園とか自然公園という名のほうが、通りがいいわね」

会報四十九号に、「大井埋立地……今年は関が原の戦いです」という記事を載せた。昭和五十三年の日本野鳥の会の調査では、都内八ヵ所の有名生息地に飛来した野鳥種類数は、二位の多摩川を二十種もリードして大井埋立地がトップである。しかしこれを三ヘクタールの野鳥公園内に限れば、もっとずっと少なくなる。「……埋立地の利用計画の見直しが、今港湾審議会で検討されています……今年は日本野鳥の会が地元の自然保護団体や市民グループと手を結んで〈大井埋立地に自然教育園を！〉という大キャンペーンを張る予定です。六月の都議会に向けて、再度署名運動をしたいと思います（目標は三万名）。五年間の私たちの運動の総決算が目前に迫っています。……」この自信たっぷりの私のかけ声は、日ならずしていくつかの変更を加えねばならなかったが（傍点部）、そのときは本気だったのだ。

港湾審議会は海上公園審議会と同様に、港湾局の諮問機関である。東京の港湾計画、埋立地利用計画などは皆この審議会を通過する。二十年ほど前、東京湾の埋め立て計画がきまったときにもこの審議会が機能した。審議会委員のメンバーはもちろん変わっているが、二十年後の東京に順応した新しい見直し計画を審議することが、今回開かれている港湾審議会の目的なのだった。時代の変化に対応するこういう柔軟な姿勢はとても大切なことなのに、お役所では珍しい部類に入るだろう。私たちはその姿勢に期待しつつ、大井埋立地の市場計画変更の要望書や自然の資料を委員全員に送り届けた。

一月十九日の朝日新聞に九段抜きの記事が出た。「失楽の園になるのだろうか……」というショッキングな見出しだった。記事は大井埋立地の自然と野鳥を紹介したのち、現在造成されている野鳥公園も今年度決定される予定の市場建設計画の方向によっては存在価値が危うくなるので、日本野鳥の会がたちあがり、「小池しぜんの子」らと協議しながら、署名運動を準備中、という内容であった。ナポレオン男がやったわあ、という読後感だった。早速会員から何本も電話がかかってきた。

「アサヒ読んだわ。今年はたいへんなのね」

「署名いつから集める？」という気の早い人もいた。

「まあ待ってよ。まだ具体的には何も決まっていないの。もう少し様子を見てみる。そのうちあなたたちにも相談するから……」

かなり詳しい記事だったので、今まで情報の少なかった都の市場計画の概要がつかめたのはありがたかった。それによると、昭和五十一年から始まった第二次卸売市場整備十ヵ年計画の中では、大井市場用地として四十九・三ヘクタールが予定されている。バンの池から汐入池にかけての一帯である。ここに荏原市場（青果）、蒲田分場（青果）、大森市場（水産）の三市場と過密化した築地・神田両市場のオーバーフロー分を移転させようというのが、目下都が進めようとしている計画らしい。しかし五十六年二月から始まる東京都市場審議会の方向によっては、この計画が見直される可能性もある。こうなると私たちの次のターゲットは、市場審議会である。でも流通機構や経済関係の委員が圧倒的に多いこの審議会で、どのくらい自然保護が説得力を持ちうるかは、未知数であった。それに市場と縁のある鳥はカラスとドバトぐらいだから、野鳥の問題が会議の席にのぼるかどうかさえ疑わしい。さては〈ナポレオンの雪〉は、この市場審議会か。ここではねかえされてしまったら、敗走と同じことになる。まだ一年近くあるのだから十分な装備をして臨むことにしよう。

それにしても個人的にはほとんど泣きたい気分であった。何の因果でこんなに次々としなければならないことが出てくるのだろう。このところ私の入っている同人誌にも、年に一、二作しか発表できない。小説の大家なら「私は寡作です」と言ってもおかしくないけれど、同人誌評にすら登場することのまれな私が、これでは遊びといわれても返す言葉はないのである。したいことも両手の指で足りないほど持っている。英会話、水泳、旅行、映画、演劇、コンサート。もともと精神面だけはとてもぜいたくにできているものだから、どうしても欲求不満になってしまう。自然と触れあう機会はたしかにふえたけれど、自分の中のバランスシートが片よっていく感じだった。

そうだ、これまでは気づかなかったが、自然保護運動そのものが、〈ナポレオンの雪〉の道なのだ。白くて清純に

「失楽の園」になるのだろうか…
大井野鳥公園
またまた市場建設計画
来月から都審議会 後背地利用を検討

『朝日新聞』昭和 55 年 1 月 19 日紙面

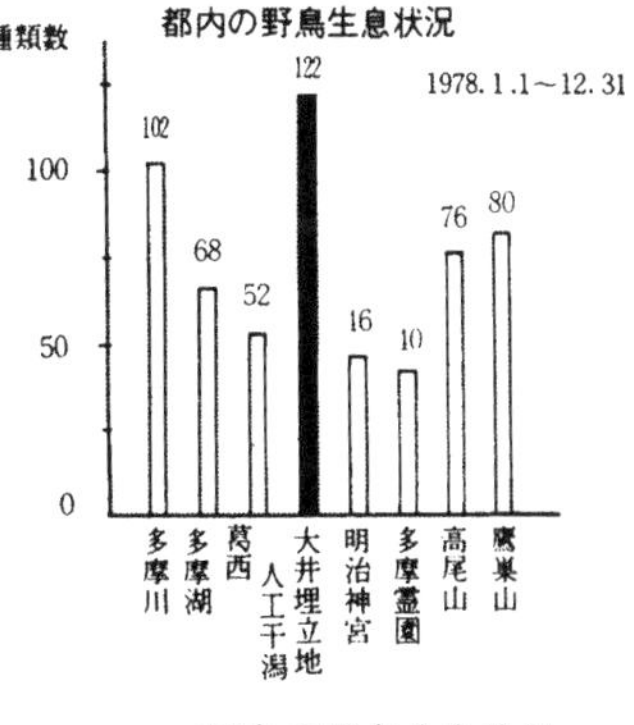

都内の野鳥生息状況
(『大井野鳥公園の自然』より)

見えるが、踏みこむと深くて冷たくて身動きができない。立ちどまれば凍えてしまう。でもこんなことをぐちっていても何もならない。すべては、私自身の責任と意志で始めたことなのだった。それにもう私の内側にすみついてしまった大井埋立地の野鳥や生き物を追いだすことが不可能なことも、わかっている。もっともよい方法は、雪を掘りながらどんどん歩いていくこと。そうすれば雪景色の美しさも見えてくるかもしれない。

一月二十日の私のフィールドノートには「野鳥公園でハイイロチュウヒを目撃」と記してある。偶然に観察窓の近くに、獲物のドブネズミをくわえて降りたのだった。ネズミを引き裂いて食べる恐ろしい姿を、ほれぼれと眺めた。ほかの野鳥に比べて猛禽類はテリトリーが広い。バンの池や汐入池がつぶれてしまったら、姿を見せなくなるかもしれない。大井埋立地は都内でワシやタカに会える数少ない場所の一つである。また二月二十六日には、国際水禽調査局代表者会議に出席した英・米・中国人ら学者グループが野鳥公園を見学し、鈴木都知事に「もっと公園面積を広げるべきだ」と提言してくださった。貴重な側面援助として嬉しかったことを覚えている。

昨年暮れに港湾局の小倉氏から聞いたとおり、都の港湾審議会は活発に埋立地利用の見直し作業に入っていた。審議会委員の名簿を見ると、工学、港湾施設、運輸関係の方々がずらりと並んでいて、自然関係では水生生物の宝月欣二先生お一人という心細さだったが、私たちはまずまず審議会の良識を信じていた。二月下旬、「小池しぜんの子」から、「大井埋立地における自然公園推進についての要望書」を、委員一人一人に発送した。

大井市場建設、待った！

この年、「小池しぜんの子」のリーダーに佐藤英郎さんが加わってくれた。佐藤さんはもう会社勤めをしていたが、温厚な人柄が人材集めに役だって〈子どもと自然の好きな〉仲間数人を呼んできてくれた。もと中学生会員だった千羽ユカリさんも短大生になり、保育科の同級生を誘ってくれた。大田区報での呼びかけでも、新たに二名のリーダー志望者が出るなど、リーダー層にかなり厚みができた。皆べつべつな所から来たのに、たいへん気が合ったのがその年のリーダーの特徴だった。彼らはよく集まり、喋り、勉強し、楽しそうに観察会の仕事をした。以後「小池しぜんの子」のリーダーの系譜は、だいたいこんな雰囲気で続いている。荻谷さんや佐藤さんは、現在は自分の子ども連れで参加している。たぶんこんな形でいつまでも続いていくのではないだろうか。ボランティア活動は義務感で行われてはならない、自分のために続けるのだという私の持論は、こんなところからも生れてきた。

それにしても、子どもとは何とエネルギーにあふれた生きものだろうか、とつくづく思う。時代が移り、文化が変わっても子どもは変わらない。「あいつらは異星人だ」と現代っ子を評する人々に、自然の中で解放されて輝いている子どもの姿を見せたい。子どもを異星人に仕立てているのは、そういう人々ではないのか。

子どもは本来は町の中にいても〈自然の子〉なのである。生物としての子どもの本性をおしつぶさずに自然観察に興味を持ってもらうにはどうしたらいいのか、と私はリーダーたちと話しあっている。しかし現代の社会や文化が、ヒトから自然性を奪う方向に急速に動いていることも事実である。一、二世紀後の子どもたちは、その時代に見あう第二の本性を確立してしまうのか、それとも自然性の崩壊に伴って自己解体の道を歩むのか、生きのびて眺めてみたい好奇心にもちょっぴり駆られる。

会員数もついに八十世帯を越えてしまった。子ども会員で一二〇〜一三〇人はいる。二月下旬のフジテレビの「小川宏ショー」で、自然観察風景を放映したときなどは四十七名も参加して大騒ぎだった。参加者の増加が自然観察ではマイナス要素になることがよくわかった。リーダーの気持も、野生生物との接触感もうすめられてしまい、一人一人にじかに伝わっていかないのである。自然とのほんとうにすばらしい触れあいは、一人で、あるいは気の合った者同志、野山を歩くときに得られる。でも一方ではできるだけ大勢の人に自然に親しんでもらうことが、自然観察会の役目である。この矛盾をどう解決したらいいのか、今にいたるまでよくわからない。

自然観察会の中に〈自然のために働く〉プランを持ちこんだのも、そのころだった。野鳥公園のボランティアが忙しそうなので、少しでも役にたちたいと思いたったのが最初だが、自然の中の労働は直接、間接に子どもたちの価値観に影響をおよぼした。ゴミ拾い、草むしり、敷わら作業、植樹と移植、カモが乗って休む筏《いかだ》づくり……初めは不服そうだったのに、慣れてくると競争になった。自分の体を使わなければ、ぜったいに理解しがたいことが存在する。労働の意味はその一つである。

小河原さんは運動の激化を宣言して一ヵ月たったのに、署名の準備に取りかかる気配を見せなかった。春が来て、草木の芽が吹きだすと野鳥公園の環境整備の仕事が押しよせてきたのだった。コチドリやイソシギやカルガモが営巣する場所を造ったり、茂りすぎたアシを除去したり、それはそれで本来の大切な仕事なのである。都庁内のできごともさっぱり伝わってこないから、私は聞きだせるかぎりの情報を自分で集めてみようと決心した。

まず港湾に関係のある区議会議員や大田区出身の都議会議員をたずねていって、大井市場の話を引きだそうと試みた。むろん港湾局にもモーションをかけたけれど、樋渡氏の後任者は標本箱の中のお役人みたいな人だったので、話し合いのあとで私は必ず不消化物が胃に溜まったような気がした。その人の在任期間が短かったことは、私の胃にとって救いであった。かなり時間を費したが、だれに聞いても、どこをつついてもはっきりしたことは浮かびあがらなかった。だれも自分の意見を表明せず、自然の味方でも敵でもないあいまいな態度で、あいまいな話をした。しかし都庁の中では、港湾局と市場のあいだでかなりやりとりが行われていることは確からしかった。つまり港湾局は埋立地利用について決着をつけたがっていて、都の中央卸売市場長に市場計画の提出を迫っていた。そして港湾の後期計画の中で、調整できる部分は自然公園にしようと考えているらしかった。

この時点では、自然公園の成立は市場側の計画により多く左右されるということになる。つまり私たちも今までのように地主である港湾局を相手にするだけではなく、大井市場計画の担当者である都中央卸売市場の役人とも話しあわねばならないということだった。私は野鳥の会の事務所に行って小河原さんと話をした。驚いたことに、先ごろ都中央卸売市場企画室の副参事の澤谷一夫氏と港湾局長が相ついで事務所を訪れ、日本野鳥の会と地元の保護団体の考えを聞いて帰ったという。表面に浮上しなくても、大井埋立地の利用問題は水面下で揺れているのだった。

三月に入ると、市場関係の業界紙を中心にマスコミが活発に取材を始めた。大井市場建設が具体化してきたのに呼応して、市場に関係のある企業がより有利な条件を求めて動きはじめたせいと思われる。大田区議の佐々木氏によれば〈企業の陣取り合戦開始〉なのだった。市場関係者に影響力のある食糧経済新聞は、二回にわたり「大井市場構築待った!」などの大見出しで野鳥保護と市場建設の対立問題を伝えた。保護派を代弁した小河原さんは威勢よくタンカをきっていた。

「われわれは野鳥生息域を守るため、その準備作業を着々と整えている。まず三月に大井自然公園友の会を設立し、強力な保護運動を押し進める。また保護地域拡大の五万人署名運動を近く始める。これまで以上に関係団体に働きかけ、大井の野鳥公園を死守するつもりだ」

友の会設立の話は堀越さんから聞いていた。しかし五万人署名とは? 私は仰天した。一月の話し合いのときには三万人ということで、私はそれにも首をひねっていたのである。もっとも今回は日本野鳥の会が中心になってくれるそうだから、それなりの目算はあるのだろうけれど……。

三月二十三日に大田区入新井出張所の会議室を借りて、「大井自然公園友の会」の設立大会が開かれた。第一部ではテレビの「生きものバンザイ」シリーズの「東京湾ハヤブサ大戦争」と長谷川さんが撮影した「大井埋立地の自然」を上映したあと、私たちのシンパである漫画家、キューソクさんこと岩本久則氏が野鳥の話をしてくださった。第二部では大井自然公園構想を小河原さんが説明し、最後に参加者全員で友の会会長に堀越さんを選出した。参加者は二〇〇名ほどだった。千葉県の干潟を守る運動をしている方も、大田区報の催し物欄を読んで、趣旨に共鳴してきてくださった方もいた。顔見知りが多かったが、今までバラバラに大井埋立地の自然に関心を持っていた人々が一ヵ所に集まって、その行末を考えはじめたのである。

私だけが分割可能の時間と空間を持っていた

友の会が設立され、埋立地のチガヤが赤い幼穂を伸ばしはじめたのに、署名運動のほうはなかなか具体化しない。私はやきもきして、野鳥公園の管理事務所に出かけて、多忙な仕事の合間の小河原さんをつかまえた。三畳くらいのうなぎのベッドのような管理小屋で、私たちはインスタント・コーヒーを飲みながら話をした。

「港湾局も中央卸売市場も、場合によっては市場予定地の縮小はやむをえないと覚悟しているようです」

大井市場構築〝待った！〟の声
大井ふ頭その1中心に
〝確保〟呼びかけ
「野鳥の会」が保護運動推進

『食糧経済新聞』昭和 55 年 3 月 7 日紙面

「それじゃあ、署名運動はしなくても片がつくかもしれないわね」と私は喜んで言った。

「ただ全面は残す気はないでしょう」

「それはだめよ。野鳥はちゃんと汐入池まで棲んでいるんだから。七十ヘクタール全体」

「ほんならやっぱりドカンともう一押しせんとあきまへんわ」

「五万人署名？」

「はい、そうです」

「どうして早く準備しないの？　私たち手伝いたくてうずうずしているのに」

「いや、日本野鳥の会じゃイメージが狭いでしょう。それで……」と小河原さんは言葉を濁した。

「友の会でするの？」

「あれは個人で参加する会ですから、こういう場合は『小池』さんや『大井埋立』さんなどの団体が主体にならんと、ようでけません」

私は何となくじわじわと押しよせる波を感じて、恐る恐る言った。

「じゃあ、前に話したような協議会を作らないといけないわ」

「ほんまに、それがいちばんです」

ということで、とうとう大井自然公園推進協議会を発足させる算段になった。行きがかり上、私は堀越さんと増田さん、長谷川さん、高木さんに声をかけ、大森駅隣りの『田園』という喫茶店に集まってもらった。

「主管団体はここにいる四団体が引き受けるとして、大井埋立地に関心のある団体にはこの際ぜんぶ加入してもらいましょう」と小河原さんは相変わらず強気だ。

「野鳥の会東京支部と箘《かん》さんのグループはだいじょうぶでしょう。ほかにありますか？」と堀越さんが私にたずねた。

「品川区にも自然好きのグループがあります」と品川区の自然講座の講師を務めた私は答えた。

「あと大きな団体としては日本自然保護協会にも頼んでみます。ところで署名はいつ始めるの？タイミングも大切だと思うけれど」

「それなんですよ。協議会の事務局とか、代表を置かなければ、パンフレットも作れないでしょう」

「日本野鳥の会気付でいいじゃない」

「でもそれだと野鳥一色という感じになってしまうでしょ。魚も虫も植物もプランクトンもいっしょに守るんだから、代表は別にしなくちゃ」と「帰ってきた海を守る会」の高木さんが反対した。

「そうだ、そうだ。やっぱり加藤さんのとこしかないよ。情報も人手も集積しているし……」と堀越さんがついにイヤなことを言いだした。

「あら、だめよ。そこまで引き受けたら私、クラクなってしまいそう」

「いや、皆で明るくしてあげるから、そんな心配しないでいいよ」

「引き受けていただけまっか。もちろん大塚に手伝わせますから」

「大井埋立地の自然のために」

こうなってしまう予感は最初からあったのだが、と私はため息をもらして周囲を見まわした。私以外は皆正規の職業についていて、したがって時間や約束ごとに拘束されがちの男たちである。私だけがまあ自由に分割可能の時間と空間を持っている。それを自分のために使うか、野鳥のために使うかは、いいか悪いかではなく、単に選択の問題である。

「とりあえず考えておきます」と私は言った。

「その代り、『小池』の総会がもうすぐあるのよ。その席で、ことの次第を説明してください。会員全体の意見の一致がなければ、引き受けられません」

総会には小河原さんが出席して、五万人署名のために「小池しぜんの子」に事務局をおいていただきたいと〝要望〟した。

「私たちにそんなりっぱなことができますか？」と尻ごみする人もいた。

「でも、今これをしなければ、市場が建って自然観察会も中止になってしまうのよ。子どもに合わせる顔がないでしょう」

「もっと広い視野で考えようよ。東京に住んでいる子ども全体のため、まだ生まれてこない子どもたちのために引き受けましょう」

たくさんの拍手がわいた。とうとう私は新しく発足する「大井自然公園推進協議会」の代表に、「小池しぜんの子」は事務局となることを承諾したのだった。ふしぎなことに、署名が集まらないだろうとか、署名運動をしても野鳥公園は拡大されないだろうとか、結果を心配する人はだれもいなかった。

このころには、私自身もはっきりした根拠もないのに、必ずうまくいくと思いこんでいた。要するに私たちは五年前と少しも変わらない楽天家ぞろいであった。でも同じ物事を見るのに〈明〉〈暗〉両方の立場があるとすれば、〈明〉的立場のほうが元気が出るし、目標に達しやすいのではないだろうか？

見知らぬ〈ふつうの人〉に呼びかける方法は？

署名の準備を始めた。新しい公園構想について、主管団体のあいだの意見を調整する必要があった。「小池しぜんの子」のモデルプランを参考にして、協議会独自の設計図をつくることになった。日本野鳥の会のボランティアグループや「小池」のリーダー会も参画してプランがまとまり、それを刷りこんだ折りこみパンフレット五〇〇〇部と署名用紙十万枚ができあがったのは六月下旬である。印刷費は日本野鳥の会の寄付、郵送費は『鳥・水・緑』の利益金が役だった。友の会会員や雑誌や新聞を読んだ一般の人からのカンパも溜まってきた。

「大井自然公園推進協議会」は、七月一日に正式に発足した。この日までに賛同していただいた団体は、「小池しぜんの子」「日本野鳥の会」「帰って来た海を守る会」「大井埋立自然観察会」の四主管団体のほか、「植物とつきあう会」「大田の自然を守る会」「品川自然の会」「日本野鳥の会東京支部」「池上自然観察会」「日本自然保護協会」である。ほとんどの会がこれまでは地域で地道に自然とのつき合いを続けていた草の根団体だが、どの会も大井埋立地に自然を残すためにできるかぎりのことをしてくださるという。署名活動はまず用紙の配布から始まる。むだな出費や労力は極力防がなければならない。配布は趣旨をよく理解してくださったうえで、回収が可能と考えられる会や個人を重点にお願いする。署名開始日は七月二十日だった。東京都の「海上公園審議会」と「港湾審議会」の答申にまにあうように、十月中に締めきる。この間三ヵ月に五万人分を集めるのである。

「小池しぜんの子」の女たちは手足と頭を精いっぱい動かして、署名の回収に努めた。会員一世帯につきとりあえず二十名分の用紙を配り、あとは自由に協力してくれるように会報で呼びかけた。署名期間中、あちこちの会合に出て数百人分集めてくれた人もいた。「署名運動の初日、小学生会員の菊地君兄妹、中村君兄妹、中学生会員の磯部、油谷、小野、加藤さんと母親三人らが野鳥公園に集合し、炎天下、来園者に呼びかけた結果、夕方までに三〇〇人の署名が集まりました」と会報五十四号のニュースにある。自然発生した街頭署名は、会員の子どもたちを中心に期間中ずっと続いていた。ある日、私が外出先から最寄駅の池上線長原駅におりると、改札口の前で「おねがいしまーす」と浴びせられた。見るとわが会の子どもたちだった。手をふると、嬉しそうにもう一度「おねがいしまーす」。

とにかく昭和五十五年の夏はひどく暑かった。その中を私たちは署名フィーバーにかかって歩きまわった。その年、日本の環境行政はどうなっていたかというと、あまり見るべきものはなかった。松枯れ病が西日本一帯に多発し、その防除のための農薬空中散布が生態系を破壊するとして問題になった。環境庁は環境アセスメント法案の国会提出を見送った。千葉県では公害（？）ときめつけられて、館山《たてやま》のシラサギのコロニーで一〇〇〇羽が射殺されたり、谷津干潟が埋めたてられたりして、野鳥には受難の年だった。日本の自動車生産台数が一〇〇〇万台を突破し、世界第一位となった。しかしこれらと逆向きに、人々は自然を求める心を取りもどしてきたような気がする。雑誌や本やテレビや映画に自然が主役として登場するようになった。身辺に手が届く自然がなくなって、あらためて自然の存在が見直されてきたのだった。こういう時期に、都内に自然公園をつくろうという趣旨に反対する人はまずいないであろう。でも、「小池しぜんの子」やそれに類するグループがいくらがんばって集めても、一万人に到達するかどうか。「日本野鳥の会」と「日本自然保護協会」の会員名簿から東京在住者を選んで発送したが、これも一万人足らずだろう。都内各地の自然保護団体も協力を約束してくださった。「植物とつきあぅ会」の代表で、品川区の緑の監視員だった石川道子さんはその上に区議会宛に要望書を提出して、これまで手ぅすだった品川区内に大井埋立地の自然への関心を呼びおこしてくださった。精神的にはとても心強いが、人数ではやはり私たちと同じ少数派だ。残りの三万人をどうしたらいいだろう。〈五万人、五万人〉といぅ声が、いつも頭の中で鳴り響いていた。町に出れば、互いにぶつかりあうほど群集が歩いている。こういう見知らぬ〈ふつうの人〉に呼びかける方法は……？ふいに一筋の光が頭の中に射しこんでくるのを感じた。私はその当時、次女の中学校で、広報委員をしていた。

「ＰＴＡだ！」

高校受験と生徒指導で精いっぱいという雰囲気の中学校はひとまず敬遠して、大田区内の全小学校のＰＴＡ連絡組織である区Ｐ連（大田区小学校ＰＴＡ連絡協議会）に働きかけてみたらどうだろうか。区

P連では会合や研修会を定期的に開いているので、しっかりした連絡網もあるはずだ。さっそく例の『田園』で主管団体会議を開き、相談をして実行にとりかかることにした。何ごともまず試みてみようという〈小池しぜんの子方式〉である。

梅雨あけの七月末、あらかじめお手紙を出しておいた区P連会長の前村実満氏のお宅に小河原さんとともにうかがった。PTAとは無関係の大井自然公園推進協議会代表の来訪にやや面くらった顔の前村氏の前で、私たちは運動の一部始終を率直にお話し、協力をお願いしたのである。大森の個人病院の院長でもある前村氏は、たいへん理解の早い方だったと思う。あるいは区P連会長という肩書きをぬきに、自分の住んでいる土地への共感を私たちと分けあったのかもしれないが、話し終えるとすぐに「とても大事なことですから、八月の役員会で提案してみましょう」と言ってくださった。帰り道の夏空がひときわまぶしかった。

八月に入って前村会長から電話があった。署名協力はむろんのこと、大井自然公園推進協議会のメンバーとして区P連が加わる件もきまりました、と言われた。さらに九月の六、七日に野辺山で区内小学校PTA役員対象の研修会があるので、その席で署名用のパンフレットを回覧して説明しましょうとまで約束してくださった。PTA会長といえば一種の名誉職だから、保身に汲々としている人が多い。前村氏は信じられないほど幅の広い方だった。私たちの運動が実らぬうちに、一年後会長職を退任されたが、こういう方々の好意の積み重ねも大井埋立地の自然保護の強い推進力になったのである。

私たちは大田区内の小学校六十三校のPTA宛に、前村氏の紹介状とともに署名用紙一〇〇〇人分とパンフレットを小包にして発送した。別便で各PTA会長と校長に依頼のお手紙を出しておいた。また都内の自然に関する団体をチェックして、一つずつ打診し、協力をしてくださるという会にも相当分を送った。こうして夏休みのあいだに八万枚分の署名用紙が都内のあちこちに散らばっていった。残りは野鳥公園に置いて、ボランティアから来園者に配ってくれるように頼んだ。

九月二十三日に私が投稿した「東京の野鳥生息地を守れ」という文章が朝日新聞の「論壇」に載り、日経、毎日、読売にも署名運動の記事が出た。テレビではNHKニュースを皮切りに民放でもニュースが目白押しに電波にのった。

やった!! 六万名の署名

署名用紙が到着し始めた。毎日、郵便配達の人が両手で抱えるように運んできてくださった。小包でどさりと届けられるものから、一枚だけ封筒に入ってくるものまであった。私たちは署名を通じて、自分たちが孤立していないことを知った。大井埋立地の野鳥がその仲立ちをしてくれたのである。これはめったに得られない経験である。顔見知りでもなく、特別の義理もない人々が声援を送ってくれたのだった。日に日に私の家のコーナーに積まれた署名用紙の背が高くなっていく。九月になると小学校からまとめて届きはじめた。〈鳥キチ〉でも〈自然派〉でもない人々との連帯の印だった。ところが嬉しいばかりの小包ではなかったのである。中身をあけたら「当PTAは、あなた方の希望には沿えません」と書かれて返送されてきた署名用紙の束が入っている。区P連会長のお墨つきも通じない頑固なＰＴＡ会長や校長先生も結構いたのだった。

「小池しぜんの子」の女グループは、こういう虚しい事態をできるだけ避けたいと考えた。そこで会員の在籍している学校には、必ず会員が参上して、署名用紙とともに、直接校長先生にお願いするという手段をとった。熱意で相手の心を開かせるこの作戦は、ほうぼうの学校でうまくいった。ただ一校、お膝もとの小池小学校を除いては……。私の娘たちは小池小学校の出身ではあるが、卒業以来すっかりごぶさたしている。校長先生も三代も変わられている。だから代表の私よりも現在子どもを通学させている会員に説得に当たってもらうほうが適任、と考えたのであった。しかしＰＴＡ会長も、校長先生も受けてくださらなかった。「ＰＴＡ活動の中に教育にかかわりのない署名運動はいれられない」という理由だった。会員の七十％を占める地元の学校に拒否されるとは思ってもみなかったので、私は驚いて、今度は自分で出向いて、校長先生にお会いした。私たちの会は政治色は一切ないのだし、自然公園ができれば小池小学校の生徒の理科教育にどんなに役だつかしれない……。校長先生は黙って聞いておられたが、とうとうお返事も弁明もくださらなかった。つまり署名の中身などは、問題ではなかったのだ。何事も起こらず、見かけの平穏さだけを願って、生徒や親を小学校という城に閉じこめている感じだった。

いったい教育とは何であろうか。学校の中で教科書を読むことだけが勉強ではない。子どもたちが、生きているってすてきだなと感じるすべてのこと、すべての場所が教育とかかわりがある。本来なら野外観察は、学校教育の一環として行われてもいいはずだ。そのための署名なのに、教育にかかわりがないとどうして言えるのか。

私がかんかんに怒っていると、小池小学校に所属している会員の宮本さんが一計を案じて言いに来た。

「今度の日曜日、小学校で運動会がありますの。その会場で私たち自身で署名をとらせてくださいとお願いしてみますから」

当日私が小学校に様子を見にいくと、門の前で宮本・原田・熊沢・石川さんが用紙を持ってうろうろしていた。会場の内側に入ってはいけない、用紙に記入するための机も貸さないと、学校側に断わられてしまったのである。運動会に行く途中の知りあいの人を呼びとめて、書いてもらうのが精いっぱいの気の毒な様子であった。私は自分の娘の出身校ながら、いやむしろそれだからこそ情けなく恥ずかしかった。結局、区内の小学校で署名をしてくださったPTAは四十校ほどだった。その中には校長先生が自然教育に熱心な雪ヶ谷や池上の小学校もあったけれど、多くのPTAでは署名活動に対する無理解を乗り越えて、苦労して集めてくださったのではないだろうか。これは一方では、都市に住む親たちが子どものために自然の価値について真剣に考えはじめたという証拠であるかもしれない。

十月になると、届く郵便物の量が減ってきた。積まれている署名用紙の高さは一メートル六八センチある私の肩ぐらいまである。十月末近くになって思いきって数えることにした。野鳥の会の事務所にもかなり届いているというので、私は会員の原田さんとタクシーを拾って署名用紙の大荷物とともに、青山にある事務所に向かった。会議室になっている小部屋で、原田さんと向きあって荷物をほどき始めた。途中から、サブレンジャーの大塚さんも加わって、まず五〇〇枚ずつ一束にまとめてから、数えた。ずらりと用紙の束がテーブルに並んだ。一〇個、二〇個……一〇〇個。これで五万人である。まだまだ残っていた。二〇個、一二〇個……六万人を越えたときは、思わず皆であっと叫んで顔を見あわせた。ついに六万九八七名分を数え終わった瞬間、反射的に大井埋立地の野鳥はこれで救われた、と思った。原田さんや大塚さん、それから心配そうに部屋をのぞきにきた市田さんと握手をしながら、じっとしていられなくてぴょんぴょん跳びまわった。小河原さんや野鳥の会の人が次々に来て「よかったですねえ」と喜びあった。

「自然保護運動でこれだけ集まったのは初めてじゃないかな。おめでとう」と市田さんが言った。

十二月四日。ついに集まった六万余名の署名用紙を都庁に運びこんだ。同行者は「日本野鳥の会」の小河原、大塚、「大井埋立自然観察会」の堀越、「小池しぜんの子」会員の石川および私であった。ジージーとテレビの撮影機が回る音を聞きながら、鈴木知事代理の三木副知事に要望書と署名用紙の山を手渡した。

「三ヵ月のあいだにこれだけの人が署名してくださいました。その半数が大田、品川区の住民です。野鳥公園を訪れる人は、現在、年間七万人に達しました。鳥にとっても、人にとってもあの三ヘクタールだけでは狭すぎるのです。生息地の七十ヘクタール全体が公園になれば、野鳥観察以外にもいろいろな形で自然の楽しみ方ができるでしょう」と私たちは述べた。

「皆さんの御意見を何とか反映させたいと願っています。ただ今開かれている市場審議会の答申が知事に提出されないうちは、具体的なことが申しあげられなくて残念です」

三木副知事の言葉は逃げ口上のようにとれた。

「答申はいつ出るのですか？」

「三月までには出されないと、都の側も困るのですよ」

六万人の署名の力が、港湾審議会や市場審議会の答申によい影響を与えないはずはない、と私たちは信じた。この日の情景はＮＨＫニュースで全国に流され、各新聞で署名結果が報じられた。しかし輝かしいライトを浴びるべきなのは私たちではなく、大井埋立地の野鳥や生き物たちであった。そのことを忘れてはならない、と私はいつも考えている。

11 卸売市場との攻防戦

築地市場は北京のマーケットを思いだす

大井埋立地の地主は、東京都港湾局である。地主がオーケーと言わないかぎり、勝手な土地利用はできないだろう。だからこれまで私たちは港湾局とその付属機関の海上公園審議会や港湾審議会と接触を保っていればいい、と思っていた。しかし五十五年を境にして様子が変わってきた。二十年近く冬眠状態にあった築地・神田両市場の大井埋立地への移転問題が目を覚まし、都政のあちこちに揺さぶりをかけたからだった。その震源地はどうやら東京都よりももっと巨大なナマズの農水省であるという気配が濃かったが、その真相はごくふつうの市民にすぎない私たちには隠されたままだった。

市場関係の卸の企業や、仲卸業者、場外市場の店舗の人たちが、大井市場への移転について、それぞれの立場からあれやこれやロをはさみ始め、それに都会議員や区会議員が絡みあって、単純にはくくりきれない複雑怪奇な状態になってきた。ここで機構上の説明を簡単にすると、東京都中央卸売市場は、私たちが日常に買物に行くマーケットではなくて、港湾局などと同じく、都庁という役所の中の局相当の部署なのである。変わっているのは、役所の建物と商売人の出入りする生鮮市場が同居している点にある。

私たちも市場の仕組を学ぶ必要があったし、東京都の市場担当の人に会って、大井埋立地の自然について理解してもらいたいと考えた。初めて都卸売市場を訪れたのは五十五年の四月で、まだ署名活動に入る以前であった。大井市場の計画を進めている企画室は、築地市場の中にあった。私はそれまでに個人的には魚市場の周りに密集する小売店に、何度か買物に来ていた。ここでは上野のアメ屋横丁と並んで、とびきり安い食料品が手に入るのである。シャリよりも厚ぼったいトロをのせてくれるすし屋さんもある。ごみごみした商店街にはいろいろな匂いが混じりあって流れ、いつも活気に満ちている。私はここに来ると、子ども時代を過ごした北京のマーケットを思いだした。でもいわゆる卸、仲卸人のせりの場である場内市場には入ったことがなかった。日本野鳥の会の市田さんと私が行った時刻は、午前十時ごろだったから、もう市場には人も車の影も少なかった。それでも構内にはきらいな人だったら気絶するほど強く、魚の臭気が漂っていた。

魚市場の隣の青物市場の前を通過した所に、道路をはさんで都の建物があった。その古ぼけた建物の三階で、私たちは市場副参事の澤谷氏と企画室長に会い、大井埋立地の自然の保護を訴えた。意外なことにその折りの市場担当者は、自然に縁の薄い人たちが見せるような野鳥をばかにする態度をとらなかった。

「神田市場はきっと移ってきませんよ」

「市場と野鳥は共存共栄でいきたいですね」

「大井埋立地の環境調査は、日本野鳥の会にお願いしたいと思っています」などの言葉に、私と市田さんはすっかり気をよくして帰ったものである。

意見のぶつかり合いから何かが生まれる

その後、大井自然公園推進協議会が設立され、代表の私は様々の折衝に多忙で市場には足を運ぶ暇がなかった。八月に小河原さんから連絡があった。

「どうも市場側は、野鳥のためには市場用地の三分の一程度(十六ヘクタール)でいいんじゃないか、と考えているという噂があるんですが」

「うそでしょう、そんなちょっぴり」と言いながらも、私は気になった。まもなく港湾局の開発部長市橋幸憲氏にお会いする機会があったので、その件をたずねてみた。

「そんな話は耳にしていませんが」と市橋氏は親切に言ってくださった。「ご心配なら、市場と港湾局と協議会の皆さんの三者合同で話しあう席をつくりましょうか」

協議会と東京都の初めての公式の話しあいが実現したのは、署名運動も終りに近い十月九日だった。この会議には協議会から八団体十一名が出席し、都側は港湾局から市橋、小倉、相川各氏、市場からは澤谷氏の後任の赤羽、瀬田、佐藤各氏が列席した。傍聴人もマスコミ関係者、埋立地に関心のある大田区議の顔も見え、今までの話しあいとは異なる緊張した空気がみなぎっていた。前半は主に港湾計画についての議論が集中した。

港湾局の市橋氏は「本年度いっぱいで港湾計画の練り直しをするが、埋立地の土地需要がものすごく多いため根本的に改めるのはむずかしい」「海上公園計画も審議会の意見をきいて、現在の利用計画を守りながら、可能なかぎり公園部分を拡大したい。しかし具体的な線引きはまだできない」と言葉を選びながら現状を説明し、「調整は市場計画のいかんによる」として、今後の展開は市場側の責任重大であることを仄《ほの》めかした。

卸売市場側は「五十ヘクタールの大井市場構想は、都内の生鮮食料品の需要の増大を見こして、すでに十八年前の昭和三十七年にたてられている。現在、築地市場は一日三七〇〇トンの水産物、青果物を扱っているが、面積は二十二ヘクタールしかない。神田市場は、一日二四〇〇トンの青果を扱っているのにわずか三・六ヘクタールの敷地しかない超過密状態だ。どうしても広い用地がほしい」と移転の必要性を強調した。

協議会「大田区からも現在の野鳥公園は狭すぎるから拡大してほしい、と希望が出ているはずだが……?」

都港湾局「地元区の意向は最大限尊重していきたい」

協議会「鈴木知事はこの問題をどう考えているか?」

都港湾局「基本的には野鳥公園に理解を持っている」
協議会「市場ができると、大田区の交通渋滞や大気汚染がひどくなるので、大規模市場には反対だ」
都市場「環境調査の結果を待たないとわからない」
協議会「調査は公正な方法でしてもらいたい。市場審議会の委員には、野鳥生息地についてどのように説明しているのか？」
都市場「協議会から提出された要望書に資料をつけて配布した。大井市場の答申は、来年三月に予定している」
協議会「東京の人口は減る傾向にあるのに、なぜ今さら大規模市場なのか？　それぞれの地域に見あう市場が分散していたほうが、利用しやすいし、車公害も出さずにすむ」
都市場「過去も今も総合市場は必要なのです」
協議会「総合市場をつくるとしても、今の大森市場は一・三ヘクタール、蒲田分場一・一ヘクタール、荏原市場一・八五ヘクタールで十分まにあっている。築地と神田からオーバーフロー分だけ移ってきたとしても、五十ヘクタールなんて必要ない。わざわざ大事な自然をつぶさずに、ほかに代替地を探してほしい」
都市場「市場は平面的に利用するのが、いちばん便利である」
都港湾局「代替地はむりだが、開発計画は早まらず、のんびり進めたほうがいい。審議会でよい線引案が出ることを希望している」

この会議での印象は、同じ都という役所の中で港湾局と市場の意見がまだ一致していないということだった。それに私たちも加えると、三者三様の立場がまず明らかにされたわけだった。しかし大井埋立地の利用をめぐって、三者が一つのテーブルを囲んで平等に話しあう雰囲気が生じたことは成果だと思われる。ＡＢＣの意見のぶつかり合いから、Ｄという新しい要素が生まれてくるかもしれない。そういえばこういう話しあいも一種の実験である。

一つ気がかりだったのは、埋立地の利用にマイタウン計画が関わってきそうだという港湾局の発言だった。鈴木新都知事が熱心に提唱しているマイタウン構想に、私ははっきりしたイメージをつかみきれないでいた。大勢の文化人が寄ってたかって決定する町づくりを何となく信用できなかったのである。納得しかねるままに、私たちはマイタウン構想懇談会のメンバーの名簿を入手し、とにかく要望書を発送しておいた。

だれだって仕事を離れれば一人の市民

市場が過密だという話だったが、この二年間の私の行動も超過密、しかも不意の呼びだしや時機を逃さぬ訪問（相手から言えば押しかけ？）につねに対応できるような心準備をしておかねばならなかった。署名の依頼に歩いたり、港湾関係の議員の元に説明に行ったり、新聞記者の応待をしたり、港湾局長に再三、要望書を書いて持っていったり、つまり代表であるかぎりは抜かすことのできない仕事が思ったよりもたくさんあったことに、今さらのように気づいたのだった。

十一月に入って、小河原さん、「池上自然観察会」の坂本節子さんとともにもう一度築地の市場に話しあいに行った。坂本さんのグループは、署名活動を機会に協議会に加わってくださった。坂本さんは池上小学校で生徒に自然観察の指導をしておられる横溝十重《とえ》先生の助手を務めているうちに、自分も重症の自然熱にかかってしまった、ＰＴＡ出身の方である。運動の終りには、へたばった私の代りに気丈に事務局を運営してくださった。どんなに多忙な時期にも、私は彼女のぐちを聞いたことがない。

大井市場の担当主幹は、このころには瀬田競氏に変わっていた。大井埋立地の野鳥への風向きも、四月当時とはまるでちがってきたことは、すでに十月の会で感づいてはいたが、今回は公開の場では出せない本音の部分を聞けるのではないかと期待したのである。しかし瀬田氏のガードはいぜんとして固かった。

「今後建設される市場には、人手不足ですからできるだけ省力化可能の機能を持たせたいのです。施設型の設計にすれば、広い敷地を要することになります」

「でも野鳥はどうするんですか？」

「これから海上につくられる予定の埋立地に、野鳥を移転させたらどうなるんですか？」と逆襲されてしまった。

「いいえ、人間の住宅地に続いて鳥の生息地があることが、大井自然公園の特長なのです。都市の中でヒトと野生生物が共存できるという証明なのです。遠くの自然より、身近の自然を見直す時代がきたのですよ。海上の保護区もつくってもらいたいけれど、ヒトと野鳥が触れあえる自然がマイタウンにあることのほうがもっと大切」

瀬田さんは困ったように目をパチパチさせたが、結局このときはもの別れに終った。私たちが三ヘクタールの公園の造設に際して港湾局と何度も協議したように、市場建設のテーブルにもいっしょに着かせてほしいという希望は、実現の方向には向かっていなかった。

「これではいつまでたっても平行線だわ」と私は絶望して堀越さんに言った。

「あの人たちは自分の意志を述べているわけではないんです。上に立つ人の考えが変われば、一八〇度だって転換できるのが役人たるゆえんです」と自分も公務員の端くれだと自称する堀越さんは言い放った。

そうかしら、と私は懐疑的だった。役人だって、仕事を離れれば一人の市民だろう。妻子と旅行に行くこともあるだろうし、好きな本や音楽にも親しむだろう。野鳥の声や姿を美しいと感じることもできるはずだ、きっかけさえあれば……。私は自分の態度も少し反省した。相手が防御に懸命になるのは、私たちを警戒しているからだ。相手の仕事である市場建設を攻撃的に非難するよりは、瀬田さんはじめ市場側の人たちが大井埋立地を市場の予定地という視点ばかりでなく、東京一の野鳥の宝庫、子どもたちと自然のすてきな触れあいの場所として眺める視点も獲得してくれればいいのである。それからは言葉に注意して喋るようにした。約束違反をとがめるよりも多く、大井埋立地の自然の楽しさについて語ったのである。もっともこれが効果を及ぼす前に、大井市場の担当は瀬田氏からもっと硬い殻におおわれた人に移ってしまったのだが……。

大きいものが栄えるときは小さいものはつぶされる

昭和五十六年一月十四日に、読売新聞の記者から電話がかかってきた。

「大井野鳥公園を拡大する、と東京都が方針を打ちだしましたね。それについて感想をお聞かせください」

突然のことで、私はあわてた。

「あの、私のところにはニュースは来てませんけど、どういうことですか？」

「大井自然公園推進協議会の要望を入れて、市場計画を縮小し野鳥公園を十ヘクタールに拡張するそうですよ」

「え、たったの十ヘクタール？　一けたまちがえたんじゃないの？」というわけで翌日の読売新聞には烈火のごとく怒った私のコメントが載った。

「私たちは野鳥を中心にした自然の生態系に基づいて、大井埋立地全体の公園化を要求してきた。十ヘクタールではお話にならない。本当に東京都内に自然のある環境をつくろうとしたら、もっと別の次元で考えるべきだ。それなら私たちも、市場計画を検討する場につかせてほしい」

それにしてもふしぎだ、と私は思った。なぜ東京都はこんな大事なことを新聞にスクープさせたのだろうか。私は当時は港湾局の建設部長の席にいらした小倉氏に電話を入れて真偽をただした。

「いやあ、まだ面積まではいってないと思いますよ」と小倉さんも不審そうに言った。「もしかしたらリークかもしれませんね」

「リークって、それ何ですか？」

「わざとマスコミに情報を流すんです」

「何のために？」

「それはいろいろの理由がありますが……」と小倉さんは答えにくそうだった。「たとえば皆さんや世論の反応を調べるとか……」

もしリークだとしたら、私たちは〈市場〉によって試されているのだ。私たちは大急ぎでまた築地市場に駆けこんだ。

「どういうつもりですか！　十ヘクタールぐらいくださっても野鳥は嬉しがりませんよ。東京都が本気でそうするなら、私たちは例の三ヘクタールの公園も返上します。テニスコートにでも釣り池にでも勝手にしてください」

「でも記事については、ほんとうに知らないんですよ」と瀬田主幹は言い張った。それでも日ごろは努めて穏やかにしている協議会代表の顔が、ハンニャの面のようになったのにびっくりしたのだろう、今までになく協力的な姿勢であった。

「市場審議会の答申が出てから、必ず協議会の皆さんといっしょに検討いたしますよ。環境調査もいたします。調査費は農水省から総額二五〇〇万円出るんですが、五十六年度はそのうち一〇〇〇万円ということです。野鳥関係もその中に含まれています」

今にいたるまで事実は闇の中だが、少なくとも私たちはこの記事では逆転勝ちをしたのだった。ところが敵もさる者である。「小池しぜんの子」会報六十一号からの抜き書きによると、

『市場審　自然保護団体を閉め出し』今年に入ってから東京都卸売市場審議会は議題を大井市場にしぼって検討しています。大井自然公園推進協議会は、委員の方々に現状の理解を深めていただくために審議会の席に私どもの代表が行って説明させてほしいと申し入れをしていましたが、二月十八日市場企画部の瀬田氏より『市場審は市場側から検討を行う場なので、自然保護団体の出席は必要なし』との拒否回答がありました」とある。

つまり市場側は私たちを煙たがって、委員との接触を防いだのだが、本来ならどんな審議会でもつねに公平の原則に立っているのだから、○○側から検討するという考え方自体がおかしいのである。仕方なく私たちは何とか協議会が市場問題に切りこめる口を探そうと、大森の『田園』に集まってはあれこれ首をひねった。実は昨年暮れにも日本工業新聞という業界紙に、気になる記事が出ていたのである。

「農水省は生鮮食料の安定供給と市場の過密対策のため、総工費二〇〇〇億円で大井市場（四九・三ヘクタール）を建設することに決定した」

この記事と瀬田氏の言った調査費二五〇〇万円の件と合わせると、明らかに大井市場は国の補助金に頼る、農水省の後押し計画である。大井埋立地の自然の運命は、結局は国という怪物の掌に握られているのかもしれない。

「霞が関に行かなくちゃ！」

堀越さん、坂本さんと連れだって私たちは官庁街に足を踏みいれた。大井市場の担当だという農水省食品流通局市場課の課長補佐の人から説明を受けた。

「ええ、大井市場計画は三十一年に農水省が決定したんですよ。神田市場はもちろんですが、築地も移転させたいんです。調査は主に交通を中心に始めています。反対？　今、それで業者と折衝してるんですが、いずれ落ちつくでしょう」

怪物のお腹の中に住みつづけている課長補佐氏には、三人は吹けば飛ぶようなガガンボぐらいの存在に見えたのだろう。都の役人のせせこましさとはまったくちがう、おおらかな態度であった。なぜ農水省が自治体の市場建設に巨額の補助金を出すのか、これも謎めいている。私の想像では、農水省が近年全国的に推し進めている大規模生産基地構想に関連があるのではないだろうか。機械力や土地の統合を前提とした生産基地から、一時に生じる大量の生産物の受け皿として、また鮮魚類の価格コントロールを目的として倉庫や冷凍貯蔵庫を含む大型流通基地が必要になってくるだろう。けれど大きいものが栄えるときは、必ず小さいものはつぶされる。私はこういう方針は何によらず怖いし、きらいである。

私は突きとばされれば跳ねあがる

三月二十七日、『大井市場及び関連市場の整備のあり方』について、都卸売市場審議会（太田園会長）

の本審議会が開かれた。一月から六回にわたって検討されていた大井市場問題の最終答申が出る日なので、協議会から私のほか、小沢、山中、簡の三名が傍聴に行った。審議会の前半は、老朽化、過密化した都内四卸売市場の現状報告に終始し、予想どおり市場移転を前提として話が進んでいった。後半、いよいよ委員の一人の石井光義都議が質問に立った。大田区出身であり、私たちは何回も自然公園拡大の陳情に行っているので、期待して耳を傾けた。石井氏は「野鳥公園を拡大したいという一般世論」「神田市場内部の反対運動」「地元大田区の城南地区の需要を満たす地域市場と野鳥公園拡大の要望」について都はどう思うかと、なかなか要領のいい質問をした。都はこれらを全部肯定したが、「いずれ野鳥の方たちと相談して……」と歯切れが悪い答をした。ところが石井氏は続けて「城南市場も神田市場も、大きくてりっぱな施設なら移転の可能性がある」と意見をのべたので、かっこよかった彼の株はたちまち下落してしまった。たぶん業者側からの圧力もあったのだろう。

知事答申は都卸売市場の原案どおり市場審で採決されてしまった。大井市場を「城南地域の地元市場」および「都心部の築地、神田両市場の過密化を解消するための総合市場」と規定し、そのために荏原、大森、蒲田などの地元市場、築地市場水産物部、神田市場のすべての機能を大井市場に移すように提言し、野鳥や自然環境の保全には一言も触れていなかった。翌日、各紙の朝刊がいっせいに報じたように、ゴーサインである。このままでは市場用地ほぼ五十ヘクタールは丸々使われてしまう可能性もある。去年の夏、汗水たらして集めた六万余の署名の意志を都はほうむりさるつもりなのか。腹だちと同時にファイトがむくむくわくという変な現象がおこった。私は自分がゴムまりみたいな性質だと思った。突きとばされれば跳ねあがる。優しく抱きしめられれば、静かになるのだが……。多少の救いは、大井市場の面積や規模について質問が出たときに、市場長が「今後、港湾局や野鳥関係者と相談して数字を出します」と発言したことだった。やはり出席した私たちを意識したのかもしれない。

市場審の答申が出た直後、『朝日ジャーナル』誌（五月八日号）に、この答申は納得できないという反論および大井埋立地の自然を残す価値についての私の文章が掲載された。私は末尾にもっと問題を広げて書いた。

「生物の世界は複雑な連鎖関係で平衡を保っていて、いったいどれがムダなものかは計り知れない。むしろこの複雑さ、多様性こそ正常そのもので、ヒトが選別して偏った社会の仕組にこそ問題があると思われる」「生きものの世界に政治はない。保守であろうと革新であろうと、野鳥は優雅な姿をすべての人の前に現わす。揺れているのは人間側の〈共存〉の姿勢である」

今でも私は同じ気持である。

前年秋に、協議会とは別のグループが大井埋立地の自然を考えるために発足していた。「大井自然公園懇談会」というこの会議のメンバーは、「日本野鳥の会」会長の山下静一氏を座長に、同会および「世界野生生物基金日本委員会」「日本自然保護協会」「日本鳥類保護連盟」「山階鳥類研究所」からの代表で構成されているいわば専門家集団であった。五十六年三月末に、同会はこれまでの討論の結果を提言にまとめて、鈴木都知事に提出した。提言の要約は次のとおりであった。

一、大井野鳥公園及び周辺の野鳥生息地の機能を損わず、また増大する都民の野外教育利用に応えるためには、最低三十ヘクタールの面積が必要と思われる。

二、上記観点より市場と野鳥公園の配置を研究した結果、次のA、B両案が共存案として考えられるに至った。

協議会は市場用地全面を自然公園にふりかえることを理想にしていたから、懇談会の提案したマスタープランに同調することはできなかった。しかしこの現実的な分割案は、私たちのかっかとした頭を冷やすのには役だったし、大井埋立地の野鳥生息域の最低面積がほぼ三十ヘクタールであると主張する根拠となりえた。懇談会はこのマスタープラン作成後、解散したのだが、協議会の運動を専門家も応援していること、また市場と公園が隣りあって共存できることを行政側に気づかせる大切な役割を果たしてくれたのだった。

「小池しぜんの子」会報六十二号より

「野鳥公園からバンの池に行くとちゅうの緑道で、アオスジアゲハに会いました。羽のもようの水色があざやかで見とれてしまいました。でも、さなぎからかえったばかりのときは、もようは

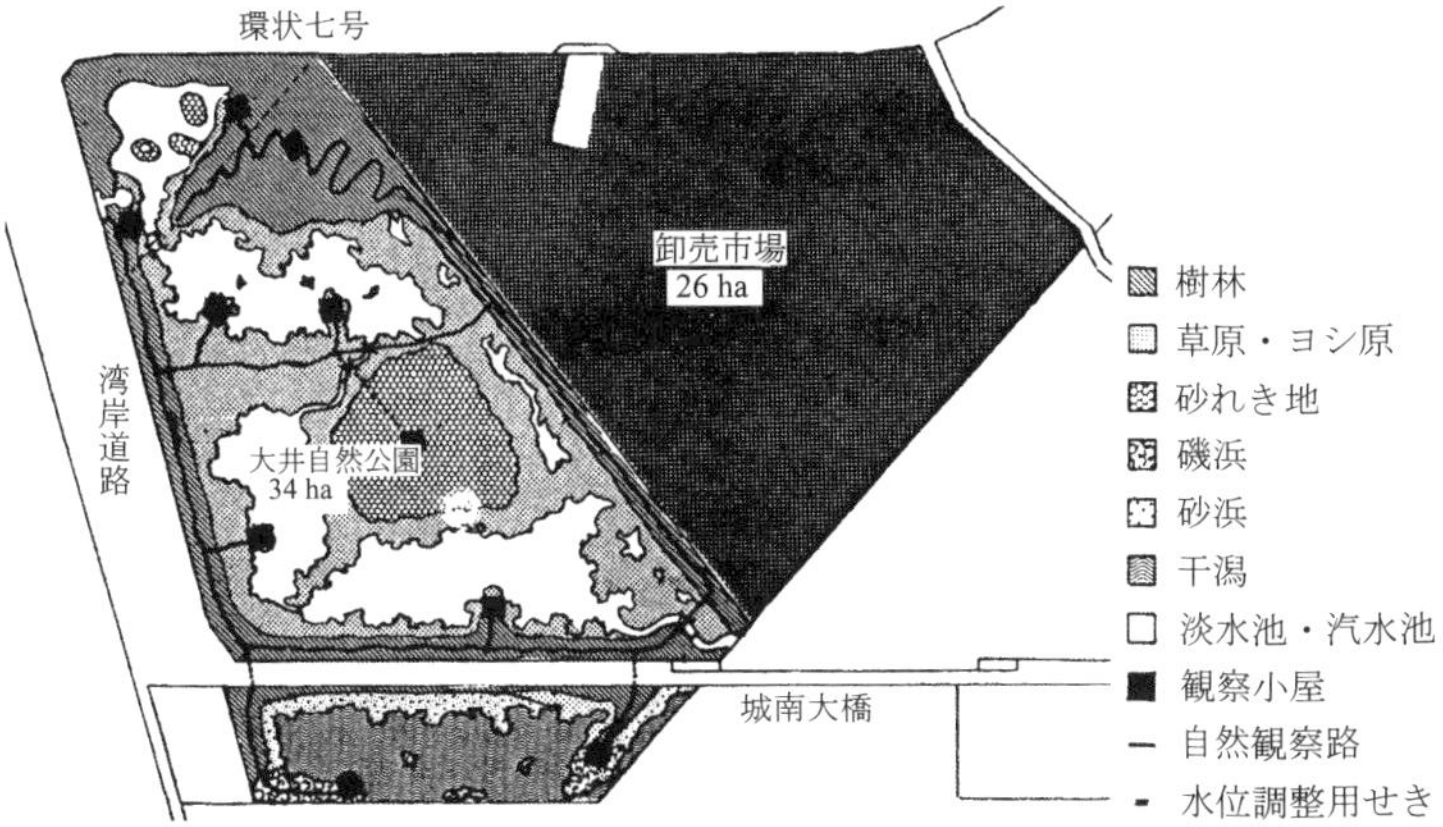

大井自然公園マスタープランＡ案

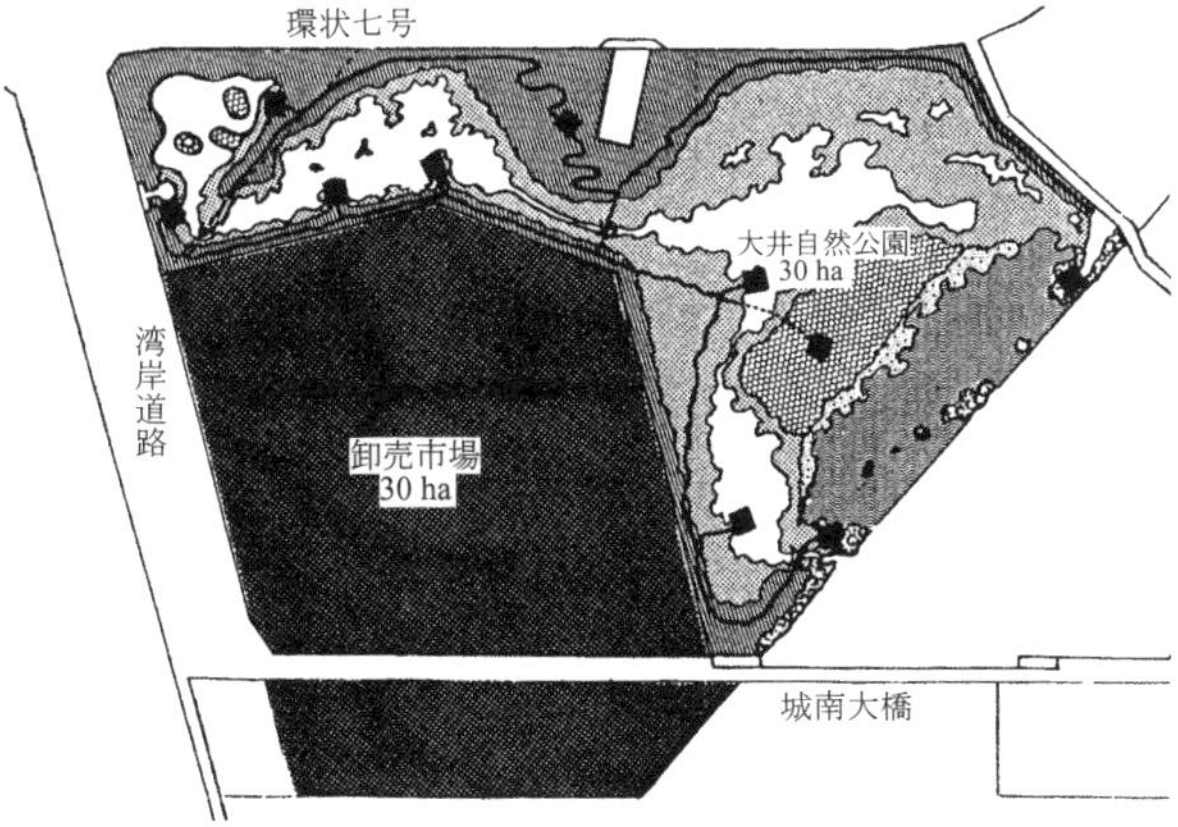

大井自然公園マスタープランＢ案

黄色っぽい緑なのです。太陽の光をあびて初めて青く変わります。昆虫の少ない大田区でもわりあい見かけるチョウです。幼虫が公園や緑道に植えてあるクスノキの葉を食べるからでしょう」

「あなたは大事なことを忘れているんじゃない」

私たちは三月の答申が出たあとに、港湾局や市場がどう動きだすか見張っていた。協議会のメンバーや「小池しぜんの子」の会員と連れだって、有楽町にある都庁舎と築地市場の両方に通った。バードウォッチングには忙しくてあまり行かれなかった。十年も大井埋立地に通っているわりには、鳥にくわしくないのはそのせいだということになっている。

大井市場担当の瀬田氏とやっと冗談を交わすほどになったのに、またポストの交替にぶつかった。市民運動のネックの一つは、たしかに担当者の人事異動である。今度主幹になられたのは、大堀洪氏というつわものだった。大堀氏は築地に来る前に、多摩ニュータウンで市場建設をなしとげた経歴の人だった。初めて会いにいった日に「新市場には広い用地が条件。計画どおり五十ヘクタール全部必要」とぴしゃんと言われて、私たちはあっけにとられた。しかし六年間の運動のおかげで、相手のペースに巻きこまれたらおしまいということはすでに学習ずみであった。〈がまん、がまん〉と胸の中でつぶやいて、私たちは聞きだしたい点に話題を持っていった。

現在、三菱総研という調査専門会社が行っている大井市場予定地の環境調査は、五十六年度中にまとめられるだろう。それに基づいて予算を議会で承認してもらい、基本計画立案ののち基本設計という手順になる。大田区や地元の私たちとのきちんとした話しあいもなしに、こんな大事なことが決められていたのであった。自然調査についても最初の約束を無視して、日本野鳥の会をはずし、企業を入れたのである。しかも自然関係の分野には弱い会社であったために、内容は調査員が協議会のメンバーを個別に訪問して質問をする「聞きとり調査」にすぎなかった。当然日本野鳥の会が聞きとりを拒否したので、野鳥のデータを会社はどこから集めるつもりなのか、と私たちは内心思った。

大堀主幹は私たちの苦情など少しも意に介さないという表情を続けた。多摩の先鋭的な住民運動に鍛えられてきたからかもしれないが、それよりも私たちと彼のあいだにはコミュニケーションに必要な共感が、かけらほども横たわっていなかったせいであろう。何時間たっても、協議会と市場の主張は前にもましてすれちがうばかりだった。たぶん大堀氏は大井埋立地の大規模総合市場建設を至上命令のように受けとっていて、自らすごい目的意識の塊に化していたのである。できるかぎりむだなエネルギーを使うまいと努力したにもかかわらず、こういう話者と対峙している苦痛が私を気短かにさせた。

「大井埋立地が野鳥生息地だろうと、大田区が野鳥公園の拡大を要望しようと、市場当局はあそこに大規模市場を建設します!!」と宣言されたときには、自分が猫だったら飛びついて引っかくにちがいないという気がした。代りに「あなたはとても大事なことをすっかり忘れているんじゃない」と叫ぶと、挨拶もしないで企画室を横ぎって廊下に飛びだした。私の後ろから小河原さんと堀越さんが続き、殿《しんがり》に坂本さんが、部屋の人たちにおじぎをしながら出てくるのが見えた。四人で喫茶店に座っても、私は息がはずむぐらい怒っていた。

「これで私たちが引きさがると向うが思ったとしたら、大まちがいであることを知らせてやるわ！」

「もちろん」と小河原さんは言った。「大堀さんは何もわかっておられないんですワ」

「でも、どうしたらいいんでしょうね。市場審議会の答申をたてにとっているのでしょうし……」と坂本さんが言った。

「何、あんなものより、都知事の一存です」と堀越さんが残念そうに言った。「どこかに味方になってくれる知事の友だちがいないかなあ」

「都知事を動かせるのは都議会でしょう」と小河原さん。「野鳥公園賛成派の議員を集めるとか……」

「いいことがあるわ」と私は言った。「大田区出身の都議会議員全員から要望書を出してもらうのよ。もちろんすべての政党の議員の連名でね。これは超党派の問題なんだから」

「それはいいですわ。私も地元ですから加藤さんといっしょにお手伝いしますよ」と坂本さんが励ましてくださった。

協議会も「小池しぜんの子」と似たりよったりで、アイディアを出すとすぐに「賛成、実行！」ということになる。日ごろ勢力争いの激しい各党の議員さんが、仲よく同じ紙に名前を書いてくれるものか予想はつかないままに、とにかく私は要望書の案を書いた。議員の立場に身をおいて訴える要望書の文章にはかなり気をつかってしまった。各党の意見がバラバラな現状では、望ましい自然公園の面積や位置を具体的に書くわけにはいかない。また協議会の方針に抵触しても困るのである。何度も消したり破ったりして、とうとう次のような文面にまとめた。

（大田区大井ふ頭の土地利用計画についての要望）

本年三月都卸売市場審議会は、大井市場に神田市場の全て、築地市場水産物部、城南地域の地元市場の機能を移すよう答申の中で提言しました。

ところが一方、本年四月、都海上公園審議会は今後海上公園のあり方についての答申の中で、埋立地の生物生息環境は積極的に保全を図るよう提言し、特に市場予定地の大井ふ頭は、都内で最も多く野鳥が生息する地であるので、計画されている他の利用との調整を図りつつ、できるだけ広く確保し、保全していくことが必要であると述べております。

また大田区民を中心に七年前より大井埋立地の自然環境保全に関する住民運動が活発に行われており、昭和五十年九月、昭和五十二年十二月、昭和五十三年二月の請願はいずれも都議会で採択されました。その際には大田区出身の議員として、私たちも紹介の労をとるなどの協力を惜しみませんでした。

地元の大田区も大井ふ頭の利用計画には積極的関心を寄せ十分に検討した結果、区議会の同意も得て、大井市場予定地には荏原、大森、蒲田三地元市場移転にとどめ、残りは野鳥公園を拡大する形で利用してほしいという結論に達し、昭和五十五年七月には都に要望書を提出しております。

以上に鑑みまして、地元大田区民の代表である私たちは、大井市場計画を調整し、野鳥公園の拡大を図っていただきたいと考えています。

大井ふ頭における自然環境と地域市場の共存計画はマイタウン計画の基本構想にふさわしいと信じるものであります。

昭和五十六年□月□日

都議会議員

□□□□□ 印

東京都知事　鈴木俊一殿

〈大田の角栄〉氏はポンとハンコをついた

また暑い夏がめぐってきた。坂本さんと私と「小池しぜんの子」の女グループは要望書を持って歩きはじめた。都議会議員の居所は、毎日くるくる変わった。自宅、都議会、党の控室、自分の事務所、出先。一人をマークすると電話をかけ、所在をつきとめ、日程を聞いて会見の約束をとり、会ったときには要望書を見せて署名をしてくださいと頼む、この操作を八人分。すんなりと協力してくださったのは自民党大山均、公明党園部恭平、共産党池山鉄夫、民主クラブ福村治平の諸氏であった。社会党大沢三郎氏は、自然公園構想自体があまり気にいっていなかった。氏は自分の票田である中小企業の従業員のためにはふつうの都市公園がいいと思っている様子で、バンの池を埋めたてたいとすら考えていた。でも私たちから趨勢を聞くと「じゃあ、鳥のためには半分だけだよ」と念を押しながら筆をとった。公明党大野進見氏は理論派で、私と長々と自然保護運動論をやりあってから署名をした。ここまでで、ゆうに九月までかかった。

八人の中でいちばん拒否反応を示したのは、議会でも最長老で議長も務められた自民党醍醐安之助氏だった。土建業に関わりがあり、東京都に対してかなり力があるという噂の人だった。いったいその力とは何か？　私たちにはよくわからなかったが、とりあえず近所のよしみで坂本節子さんに依頼に行っていただいた。六人もすでに署名ずみだから、まずまちがいなく協力してくださるだろうと疑わなかった。やがて坂本さんから、元気のない声で電話がかかってきた。

「あの要望書ね、醍醐さんに差しおさえられてしまいましたわ」

「えー？　どういうことかしら？」

「いずれよく読んで返事するって、机の中にしまわれちゃったんです。すみません」

坂本さんは恐縮していた。本物の署名入りの書類である。まさか屑籠行きにはならないだろうが、忘れ去られる不安はある。私は坂本さんといっしょに、大森の醍醐事務所に行った。マンションの一室である事務所の中は、ピカピカキラキラの飾り物でいっぱいだった。金のかぶと、花瓶、置物、実物大の這い這い人形……世話になった人の贈物だろうが、部屋の壁には中曽根康弘氏と石原慎太郎氏の色紙がかけてある。その下で醍醐氏が大声で受話器に向って喋っていた。ちょっとした〈大田の角栄〉という感じであったが、話を始めると見かけよりは怖くなくなった。

「すごいねえ、六万人も署名集めたの。それだけ票稼げば、ゆうゆうと都議会議員に当選しちゃうねえ」と感心するので、「ではご協力を……」と切りだすと、「これはね、だめだよ。ほら、市場を建てる人がね、困っちゃうの。先にきまってたからね、計画が……」と言って、ややしわっぽくなった要望書を私たちに返した。

「でも、センセエが書いてくださらないと困るんです」と坂本さんは必死だ。

「六万人の人が望んでいる自然公園ですよ」

私は次の選挙のことを、醍醐氏が思いだしてくれるように願った。しかし〈大田角栄氏〉は首を横にふった。

「じゃあ、市場に電話をかけて確かめよう」と言うが早いか、ダイヤルを廻し、いきなり「市場長を呼んでくれ。こちらは醍醐だがね……やあ、市場長かね。うん、おれだ。大井市場の件で教えてほしいことがあるんだよ。今小鳥の、うんトリ、トリの人が来てんの……どうだ、トリの公園できそうかね……そうか、わかった」。ガチャンと受話器をおくと「やっぱりだめだったよ。市場を建てるんだってさ」

戸外に出て二人で顔を見あわせた。

「しばらく間をおきましょう。石井光義さんに先に書いてもらうわ」

民主クラブでの石井氏は住宅港湾委員会にも属しているし、市場審議会委員の一人だったから問題はあるまい、と思ったのは早とちりであった。

「醍醐さんが書いてくれない？　弱りましたな。あの人が抜けたら、要《かなめ》がはずれたも同様です。私は先輩の醍醐氏が署名をする前に、書くわけにはいかないですね」

署名拒否者が二名になってしまった。いったいどういうことだろう。同じ党なのに協力してくれる人と非協力の人との二派に分かれた。政治の世界は〈ふつうの人〉には奇々怪々である。再三、醍醐事務所を訪れたが、どんな口説にも〈大田角栄氏〉はがんとして乗らなかった。

「これはよほどの事情が絡まっているのにちがいないわ」と私は呆れはてて言った。

「そうですね、建設屋さんのご商売だったそうですし……」


十月が来てしまった。大井市場の話は、私たちのいない場所でどんどん進んでいるにちがいないので、いつまでもぐずぐずするわけにはいかない。六人の方の署名だけで提出してしまおうか。私は心を決めかねて、日本野鳥の会に相談をしようと電話をかけた。市田さんにえんえんとことの次第をぐちった。市場とはケンカばかりしているし、大田角栄氏はサインを承知しないし、八方ふさがりだと言いながら、とんでもないアイディアが浮かんできた。

「ねえ、醍醐氏が恩を感じている人ってだれだろう。市田さん知らない？」

「さあ、知らないけど、どうして？」

「ほら、仁義の世界に生きる人って、義理ある人にはそむけない……」

「わかった。二、三日待って……」

のみこみの早い市田さんは、さっそく手づるをたぐって調べてくれた。

「加藤さん、わかったよ。醍醐さんの尊敬する人。だれだと思う？」

「ぜんぜん、わからない。私の知ってる人？」

「名前はもちろん。思いがけない人。鯨岡兵輔さん」

「ええっ？　環境庁長官の……？」

「そうです」

それは幸運としかいえなかった。鯨岡氏は昭和五十五年に環境庁長官に就任し、鳥取県の中海干拓事業を批判するなど歴代の長官としては気骨のある態度を示されていた。けれど幸運と書いた理由はそれだけではない。私は来る十一月五日に環境庁王催の「自然公園50周年」記念シンポジウムに、事例報告者の一人として選ばれていたのである。何というタイミングのよさだろう。今までの例からも市民運動の代表が大臣や長官に直接会う機会を得られることは、めったにないのである。大臣たちの手前に、担当官の人たちの厚い壁があり、そこを突破しても厳しい顔をした審議官が立ちふさがっている。一般にはうまく行ってもせいぜいここ止まりだ。審議官の口から大臣に伝えてもらえれば成功した部類に入る。でも、今回のようないわば下世話のできごとは、公式のルートでは没になってしまうにちがいない。やはり直訴の方法しかないのではないか……。

「じゃ、じゃあ、長官のね、当日のスケジュール調べてくださいね」

「オーケー」

性能のいい聴き耳頭巾を持っている市田さんが、折り返し電話をくださった。

「シンポジウムのあとにパーティがあるでしょう。そのときに十分間顔を出すって」

「たったの十分？」

私はがっくりした。とても時間が足りない。

「そう。だからそのときに、会見の約束を取りつければいいじゃない。うちの会の常務が当日出席するから、加藤さんを長官に紹介するようにします」

私はシンポジウムの前に、鯨岡氏に速達を出した。念のためにご自宅宛に発送したのである。これまでの運動の経過、埋立地によみがえった自然の豊かさ、野鳥公園の将来について便箋十枚に書きこんで、協力をお願いしておいた。

当日のシンポジウムはつつがなく終り、夕方から立食パーティが開かれた。私はいろいろな人と挨拶を交わしながらも、日本野鳥の会の川崎常務理事と並んで、いったいいつ長官が現われるかと入口を気にしていた。とうとう数人の役人に囲まれて鯨岡氏が到着すると、たちまちその周囲に人垣ができてしまった。私は五分ぐらい待っていたが、少しも垣根が崩れないので、長官とは旧知の仲という川崎氏と強引に前に出ていった。白髪で温和な表情の紳士が見えた。

「鯨岡長官、こちらは私たちといっしょに大井埋立地に大きな野鳥公園をつくろうとしている加藤幸子さんです」

傍で審議官の人が渋い顔をしているのがわかった。

「初めまして、このあいだお手紙を差しあげましたが……」

「ああ、あの加藤さんね。女の人から速達が来たので家内が心配していたよ」と鯨岡さんが笑った。気さくで率直な印象の方だった。

「その問題で、一度お話をしたいんです」

「ちょっと。私の予定はどうなっているかね？」と長官は審議官をふりかえってたずねた。仕方なく、審議官は手帳を調べて答えた。

「十一月二十日の午後なら、三十分間あいております」

「じゃあ、そうしよう。そのときを忘れずにいらっしゃい」

こうして第一の関所を通過して私はほっとした。第二の関所は、鯨岡氏と私たちの話の成果にかかっている。約束の日時に、市田さんと私は環境庁の長官室に出向いた。先客が出てくるのを待っているあいだ座っていたソファーの横には、先ごろ死んだ新潟のトキの剥製がおいてあった。

「やはりきれいな鳥ね。この鳥が自由に飛びまわる風景を眺めたかったわ」

「でもこのトキはね、人間でいえば七十歳ぐらいのおばあさんなんですよ」と市田さんは非情にも私の夢に水をさした。ドアが開いて、先客と入れちがいに私たちは中へ入った。

「昨日、三木副知事と港湾局長をここに呼んでね、大井埋立地の話を聞きました。私からもできるだけ自然公園として残すように、頼んでおきましたよ」

「それはどうもありがとうございます」

三木氏と島田氏はさぞ面くらったことだろうが、鯨岡さんの実行力には私も感心した。そして醍醐氏の話を切りだした。

「あのダイゴ君か？　しょうがないねえ」と長官はちょっと考えこんでいたが、やがて机の上の毛筆をとると巻紙ふうの書簡箋にさらさらと書きはじめた。その間七、八分、よどみなく書き終えた書簡を折りたたむと、りっぱな和紙の封筒に入れ「醍醐安之助兄　鯨岡兵輔侍史」と表書きして私に手渡した。

「ダイゴ君によろしく伝えてね」

「はい、たしかに」と私は答えて、鯨岡氏の手紙を大切にハンドバッグにしまった。残りの時間を私たちは日本の野鳥保護の問題の話に費した。長官室を出た私はふしぎな思いに満たされた。次々と最悪に感じられるできごとが起こるが、耐えて模索するうちに新しい光が射してくる。自然保護運動って、人生のサンプルみたいだ。だから両者とも、なかなか断ちきることができないのだ。

家に帰って坂本さんに連絡をすると、彼女も大喜びで、もう一度醍醐氏の事務所を訪ねる手配をしてくださった。その際、私たちは鯨岡長官に会ったことも手紙を持参していくことも黙っていた。私たちはそのくらいのずる賢さを身につけてきたのである。十一月二十四日に事務所を訪れると、数組の陳情団がいて私たちはずいぶん長く待たされた。「どーぞ、よろしくお願い申しあげます」と何度も頭をさげて人々が帰ると、やっと〈大田角栄氏〉は私たちの相手を務める気になってくれたらしい。

「このあいだの市場の話ね、あれからいろんな人にきいてあげたよ。でもとてもむずかしいなあ」

「あの……。これ、鯨岡長官から」と私が例の封書を差し出したので、醍醐氏は機械的に受けとったあときょとんとした。

「あれ、あんた鯨岡さんに会ったの？」

「ええ、三日前に、環境庁に行って……」

「そうかね」と絶句して、巻紙に目を走らせ、端っこまで読んでからゆっくり巻きもどして言った。

「出しなさいよ。あれ……あんた方の要望書」

「はいっ」と電光石火、坂本さんがパッと署名の部分を開いて醍醐氏の目の前にすべりこませた。醍醐氏は冒頭から三人目の空欄に、たっぷりと墨を含ませた毛筆で、びっくりするほどの達筆で書いてくださった。「醍醐安之助」それからポンとはんこをついた。

翌日、都庁に行って民主クラブの部屋を訪ねると、今度は石井光義氏もさらさらポン。こういう姿勢で人生を送れば楽だなとは思ったが、口に出さずに帰ってきた。都議会議員八名の連署による『大井ふ頭の土地利用計画についての要望』を都知事室に持っていったのが、十一月三十日である。大山均氏が議員代表で同行してくださった。都庁の渡り廊下を歩きながら「このあいだうちの子どもを連れて、大井埋立地にザリガニ採りに行きましたよ」と大山さんが言った。大臣でも議員でも、個性によってこれだけちがう言動ができるのである。逆に彼らの個性を失えば、政治は〈ふつうの人〉には見向きもされない不毛の世界になるだろう。

全面公園案でいくか、公園・市場共存案でいくか

この時期、東京都の中枢部からは野鳥公園拡大の気分はうすれ、できることなら築地市場全面移転も含めて大規模市場建設をかなり強硬に進めるつもりであったらしい。八月六日の食料市場新聞は勝見雄二市場長の記者会見の模様を掲載したが、用地についてどう思うかという記者の質問に「野鳥との共存も無視できないが、四十九・三ヘクタールを譲る気はない」と矛盾した発言を行っている。

大井自然公園推進協議会も、この夏はこれまでになくひんぱんに会合を重ねた。議論の焦点は、今後の方針として拡大される自然公園の面積を従来どおり市場用地のほぼ五十ヘクタールに汐入池周辺を足した全面公園案でいくのか、それとも情勢を考えてより現実化の可能性の高い公園・市場共存案でいくのか、ということであった。もし後者を選ぶとすればその線引きの限界をどこに求めるべきであろうか。「大井自然公園懇談会」の提言によると、大井自然公園は三十ヘクタールでほぼその機能を維持するだろうとされていて、「日本野鳥の会」もこれに賛同していた。堀越さんの「大井埋立自然観察会」は野鳥の会の意見に賛成していた。一応、機能を果たせるだけの公園用地を獲得しておいたうえで、また機会を見てふやしてもらえばいいという意見だった。

しかし協議会メンバーには若干の変動があって、前村氏の区P連会長退任とともに区P連が脱退し、地元の「呑川の環境を守る会」と「目黒川を豊かな生活環境にする会」が新たに加わっていた。「呑川の環境を守る会」の代表山本理平氏は、区内の病院長をされているが、公害問題にも自然破壊にも一

徹な純粋主義を貫いている方だった。だから六万人署名当時の案を撤回するのは安易な妥協だと言って、あくまでも全面公園化を主張された。協議会代表の私は、間に入ってとても困った。

私自身は理屈の上では現実路線に歩があるし、将来性もあると理解していたが、長年慣れ親しんでいた草原や水辺の風景が部分的にでも破壊されることを想像すると、胸がしぼられるような気がした。「小池しぜんの子」の女たちも同じように感じた。「もったいないわねえ」とため息が出た。子どもたちは「えー、ウッソー。いやだあ」という反応を呈した。しかし結論を出さねばならなくなるとやはり「心情的には悲しいけれど、公園の面積を減らせば必ず実現するという条件つきであれば、妥協しても構わないんじゃない」という意見に落ちついたのである。

協議会の大方のメンバーが同意したので、私たちはこの時点で運動方針を全面自然公園案から公園・市場共存案に切り変えたのである。それは運動にとって、より有利だろうと代表の私は判断した。もともとの埋立地利用計画には野鳥公園はまったく含まれていなかった。いわば面積がゼロの状態から出発したのである。運動の初期の過程で三ヘクタールの公園が生まれ、六万人署名で拡大の気運が広まった。しかし東京都で計画している事業（つまり大井市場建設）を完全につぶしてしまうことが、私たちの目標ではないのである。私たちの役目は大井埋立地の野鳥やその他の生物が生息できる自然環境を残すことなのだ。私たちがいつでも行きたいときに行くことのできる身近な場所に……。これは署名をしてくださった六万人の人たちの目的でもあるはずだ。さらに私たちが初めから関わりあっている港湾局は、都の機構の中で大規模市場の流れに逆らって何とか野鳥公園を拡大したいと考えている。この局と手を組まないかぎり、港湾局も協議会も互いに孤立化し、大井自然公園構想はふり出しに戻ってしまう。

また市場側の言い分にも、幾らか聞くべき点もあった。つまり超過密状態という神田市場の現況である。東北新幹線の上野乗入れのため、市場の敷地はさらに削られる予定とも聞いている。これが事実ならオーバーフロー分だけでも移転の必要はあるかもしれない。港湾、市場、協議会がそれぞれ対立していたのでは、力の強い者に弱い者がねじ伏せられる結果になるだろう。それよりも三者とも妥協を前提のうえで、いったいどうすれば自然と市場とが大井埋立地で上手に共存できるか具体的に語りあうほうが、ずっと稔りが大きいのではないだろうか。協議会がこのまま全面公園化で突っ走れば、港湾局も私たちに背を向けざるをえない。そして自然保護運動という勲章だけを残して、生きものたちは大井埋立地から姿を消すのである。

協議会は市場計画を大幅に縮小し、市場用地五十ヘクタールのうち三十ヘクタールを自然公園にふりむけてほしいという共存案を都に提案したのだった。

環境調査はデータの丸うつし

それなのに市場との交渉は悪化する一方だった。十月一日の大堀主幹との電話でのやりとりでは、向うの強引さが奇妙なほどだった。

大堀「市場用地としては四十九・三ヘクタールほしいという案を港湾局に持っていった」

私「過去六年間の運動の実績と六万人の都民の意志を無視するのはルール違反でしょう」
大堀「もともときまっているんだから、そうとはいえない」
私「大井埋立地は都有地ではあるけれど、都知事の持物ではないし、ましてや都庁に働いている役人が勝手にきめるものでもないんですよ」
大堀「意見があったらアセスメントが出た時点で申し述べる場があります」
私「アセスが出たら、計画変更はありえないことはごぞんじでしょう。だから今、都と協議会が十分話しあいを積んで、だれにも納得できる市場計画をたてることが必要なんです。できれば市場の業者の人も加わってもらいたいので、そういう場をつくってほしい」
大堀「それはできない」
十一月二日の毎日新聞夕刊に「野鳥の楽園奪われる――六年間の反対運動無視」というタイトルで「東京都は近いうちに第三次東京都卸売市場整備計画を完成させるが、基本的には用地全部を使う方針で、自然保護団体の三十ヘクタール公園案とは正面から衝突することになった」という大きな記事が載った。これには私をはじめ協議会全員がカチンときた。これでは都は私たちの運動をつぶそうとしているばかりか、自らの付属機関である海上公園審議会や地元大田区の要望を無視するといわんばかりではないか。十一月四日に協議会から私と坂本、小河原、高木、篇の五名が都庁に駆けつけて知事の秘書に会い、記事の内容について抗議して、鈴木都知事宛「既存の市場計画を強行せず、自然公園の拡大に尽力してほしい」と要望書を提出した。十二月六日に「大井自然公園友の会」も意見書を出した。大井市場問題は新聞各紙に報道され、ついには市場企業紙や国会内の新聞にまで登場したが、記事の中身は取材記者によってバラバラで、それがかえって東京都庁内で大井市場問題が混乱に満ちた泥沼状態に落ちこんでいるのを物語っていた。

私たちはこうなっては、都卸売市場長に直接会って野鳥生息地をどうするつもりか率直にたずねるほかはない、と考えた。大堀氏から主幹のポストを引きついだ神野光治氏を通じて、十二月十日に築地市場に行き勝見市場長と会談をした。市場長は野鳥問題についてはあまり触れずに、現在各市場内の企業の意向を問いあわせているから、業界の回答が出る見こみの五十七年二月ころには、基本計画も固まるだろうと述べた。勝見氏は大規模市場建設にふさわしく元気いっぱいの方だったが、その口調からは自然保護団体への対応以前に、市場内での意見の統一ができず苦慮していることが感じられた。それにしても、やはり私たちを疎外して着々と市場計画を実行に移していることにまちがいはない。小河原さんがすでにできているはずの環境調査中間報告書を見せてほしいと言ったときも、神野氏は業界に公表できないので二月末まで出せないと拒絶したのである。できるだけ何もかも秘密裡に処理しようとするこういう雰囲気は、閉鎖的な体質の日本の役所にはまだまだ多い。私はまたまたいらいらして、市場長室を飛びだしたくなった。結局、市場長があいだに入って、自然環境調査の部分をコピーしてくれることになった。

しかしコピーを読んで、私たちは唖然とした。昭和五十四年に、港湾局が日本野鳥の会に委託した調査データの丸うつしだったのである。聞きとり調査でも、大田区は大井市場に対して「まだ態度がきまっていない」、「小池しぜんの子」は「今までに十回大井埋立地に行っている」などの事実誤認が目だった。地元の大田区は、すでに市場計画縮小と野鳥公園拡大の要望を公式にしていたし、最近は環境公害部の馬場保之係長を中心にかなり本気で区内の自然の保護と回復に取りくんでいたのである。地元の自然保護グループを含めた大田区自然調査会を設置し、野鳥や昆虫、野草、水生生物調査を次々に実施していた。

それにしても、〈ふつうの人〉である私たちにいちばん理解しがたいことは、なぜ地元区、自然保護団体、市場内業者の反対を押しきってまで、不便な埋立地に大型市場をつくらねばならないかという点だった。しかも赤字続きの都の財政ではまかないきれない二〇〇〇億円という巨額の費用で……。この疑問に対する市場の答は単純すぎるものだった。

「神田市場は狭すぎてあふれた車が周辺に迷惑を及ぼしている。築地もまた然り」

昭和五十五年の署名の夏以来一年半、大井自然公園推進協議会は持っている機動力と智恵と知識をほんとうに休みなく使ってきた。市場建設に関わる人たちが、自然という新しい角度からも大井埋立地を見直してほしいと思ったからである。埋立地によみがえった豊富な生命に満ちた自然は、それ自身が運動の武器であり、ほかに何の修飾もいらなかった。私たちが、飛びかう怪情報に悩まされながらも自然公園拡大を唱えつづけられたのもあの自然のおかげである。

12　野の鳥は残った

大井の野鳥危機一髪

運動は膠着状態となり、個人的にも落ちこんだ生活の中で昭和五十七年がのろのろと過ぎていった。健康には自信のあった私もさすがにくたびれて、体の調子がよくなかった。築地市場に交渉に行った帰りに山の手線の中で気分が悪くなり、同行の坂本節子さんをあわてさせたこともあった。もっとのちには、坂本さん自身が病院通いをする時期もあったが、このときは私の血圧の最低値が一〇〇を越していたのである。歩行中いつもフワフワと雲を踏むような気持だし、頭の中に生暖かい霧がたちこめていた。当時『使者』という総合誌に、初めて小説を依頼されていた私が自分を励ましながら書いたのが、「ぼくのクオ・バディス」という中編だった。都会生活で落ちこぼれた〈ぼく〉が故郷に戻って白鳥の保護に努めるが、かいもなく白鳥が去っていくという暗い結末は、自分の精神状況の反映でもある。

もっと運動方法に則した悩みもあった。行きづまっている協議会の運動を見かねてか、いろいろな組織から協力の申し出が相ついだ。労組、公害関係団体、住民団体連絡組織……いずれも組織としては強い力にはなりそうだが、やはり私たちは無色透明という今の協議会の特徴を守りたいと考え、ていねいにお断りを出した。

組織ではないが、神田市場業者のオブザーバーのような地位にある千代田の区議の方からも、たびたび連絡があった。この方は私といっしょに大井市場予定地つまり野鳥生息地を歩いたあと、市場内でも業者による移転反対の声が大きいので、ぜひ自然公園化を進めてほしいと逆に私たちを激励した。その旨を協議会のほかの人たちに伝えると、皆はブツブツ言った。「それじゃあ、市場の人たちも来て、協議会の運動をバックアップしてくれればいいのに」。実際にも築地市場、神田市場の協同組合長さんに電話をして協力を要請したのだが、そこまでは踏みきれないという態度だったのでがっかりしたのだった。

二月二十日の読売新聞は、「東京都は都卸売市場審議会の築地市場一部移転という答申にもかかわらず、全面移転を計画中」と素っぱぬいて私たちを仰天させた。私は神野主幹に電話をかけた。

「ほんとうですか？」

神野氏の答は「築地業者の意見のまとめが遅れているので何も言えない。全面移転か、一部移転か、調整できない（全然移転しない）かの三つに一つ」というクイズみたいにわけがわからないものだった。

また三月十八日の日本経済新聞は勝見市場長談として「業者の反対があっても見切り発車せざるをえない。築地市場全面移転を六月までに決定する」と掲載、私たちはその強引さに呆然とするばかりだった。

こういう市場側の暴走をどうして食いとめたらいいのだろう。協議会のメンバーは例によって大森『田園』で鳩首。対抗策として公開質問状を出そう、ということになった。また日本野鳥の会は独自にバードウィーク一万人大探鳥会を大井埋立地で開くことを計画していたので、その際に「大井の野鳥危機一髪」というビラをまき、自然公園化の賛同者には鈴木都知事に訴えのハガキを出してもらうことにした。たぶんバードウィークあけには、数千枚のハガキが都知事室に殺到したはずだ。

五月七日、代表の私ほか六名が築地市場に勝見市場長を訪れ、公開質問状を手渡した。

〈質問〉

一、大井埋立地の自然環境の価値と利用状況についてどう思いますか

二、大井自然公園と大井市場の共存案を進めるつもりがありますか

三、現在の段階で、都卸売市場内で進んでいる大井市場計画について正確にお知らせください

四、仄聞《そくぶん》するところでは、両市場内でかなりの業者の方々が大井移転に反対の意向を示していられるそうですが、これらの方々や地元区、自然保護団体の要望を押しきって「見切り発車」する意図をお持ちですか

五、大井市場造成及び開設に伴って、どのような公害が発生すると思いますか
六、数千億円の費用と膨大な都有地を使用する大井市場建設について、幅広く都民が参加できる検討会を開くよう要望しますが、お受けくださいますか

その日はＮＨＫテレビや新聞記者が来ていたせいか、市場長も主幹も「はっきりきまったわけではない」と、逃げの一手だった。いったいこういうごまかし合いが、何の役にたつのだろう。そしていつまで続くのだろう。私はつくづくとこんな下らない攻防戦から早く脱けだしたいと思った。でも〈自然公園〉という獲物はどうしても手に入れたい。せっかくここまで来たのだから、ここで焦るのはよそう。公開質問状の回答は、私たちのたびたびの催促にもかかわらずずっと遅れて六月八日に出された。

〈大井市場建設についての公開質問状に対する回答について〉

一、大井埋立地は市場建設を目的として造成され、昭和四十七年に策定された（第一次）東京都卸売市場整備計画において、市場建設の方針が決定されたものであります。しかし、市場建設計画は長年具体化するに至らず、本年三月の（第三次）東京都卸売市場整備計画において、ようやく具体的計画が決定されました。

この間に数多くの種類の野鳥が市場建設予定地内に生息、飛来するようになり、野鳥に関心の深い多くの都民に、観察の場、憩いの場として利用されていることは、充分承知しております。

これは、同地が長年にわたって、いわば放置された状態であったために、鳥類の生息・飛来に好適な状況が現出された結果であると理解しておりますが、今後とも、事情が許す限り市場と両立させたいと考えております。

（埋め立て前の東京湾岸が野鳥の宝庫であった視点、両立の具体策が欠落している）

二、自然保護が大切であることは充分承知しておりますが、生鮮食料品の安定供給という公共的使命と役割を持つ市場の整備も重要な課題であります。共存案については一で述べた現状認識のもとに、事情の許す限り考慮したいと考えておりますが、用地上の制約もありますので、関係機関と協議のうえ、今後の市場整備計画の策定に当って充分検討したいと考えております。

（一と同じく、必ず自然を残すとはいっていない。築地全面移転になれば自然はあらかた破壊されるので野鳥生息は不可能になる）

三、神田、荏原（蒲田分場を含む）、大森三市場の移転については、東京都卸売市場整備計画（五十七年三月）で決定しました。

（まだ市場内に多数の反対者がいる）

築地市場水産物部に対しては、全面移転、一部移転、全面残留のいずれを選択するか、業界の意志決定を求めているところであり、六月末日までに回答される見通しであります。

今後の建設計画の主なものは、次のとおりであります。

昭和五十七年度　　環境影響評価調査

昭和五十八年度　基本設計
昭和五十九年度　実施設計
昭和六十年度　建設着手

四、大井市場の建設は、城南地区市場の統合による整備と、築地・神田両市場が抱えている問題（過密、老朽化等）を解決し、生鮮食料品の流通の円滑化を図るために計画されたものでありますから、その実現に当っては、各関係者、関係機関の理解と協力が得られるものと確信しております。

今後、業界をはじめ地元区、自然保護団体とも充分話し合い、理解と協力を得るために最善の努力をするつもりであります。

（現在までは対等の話しあいはない）

五、三でも述べたとおり、今年度において環境影響評価調査（大気汚染、騒音、振動、電波障害及び動植物等）を実施することを予定しております。これは、市場の造成及び開場に伴って周辺にどのような影響を及ぼすかを予測して実施するものであり、調査結果に基づいて「東京都環境影響評価条例」の定める手続に従って公正な判断を求め、適切な対策を講じていくつもりであります。

（自然に関する調査は最低二年はかけねば結果がわからない。自然の調査能力のない会社にアセスメントをやらせようとしている）

六、大井市場建設計画は、東京都卸売市場審議会の答申に基づいて東京都が計画決定したものであります。また、計画の実施にあたっては、東京都議会の審議と議決を得ることはもちろんのこと、関係区及び区議会の理解と協力を得ながら進められるものでありますが、都民の要望や意見を聞き、それを出来得る限り計画に反映させることは必要なことと考えておりますので、これら要望等をお伺いする機会はできるだけつくりたいと考えます。

（聞きおくのではなく実現してほしい。アセスメントのあとでは計画変更は不可能である）

何度読み直しても曖昧で、具体性のない文章である。これでは回答になっていない。カッコの中は私たちの不満の理由だが、これを踏まえて再度質問状を作成し、三日後の十一日に市場に提出した。いわば私たちは巨大な機構に立ち向うゲリラのような存在であった。ゲリラは少数のゆえに小回りがきく。このゲリラ的追撃をいっぺんに打ち砕く手段を持っていないのが、向うの弱味であった。今度の回答も大幅に遅れて八月九日に出た。七月二十九日に都の『大井市場建設基本計画』が発表されたので、それに合わせたものと思われる。

（大井市場建設についての公開質問状（再質問）に対する回答について）

一、鳥類にとって東京湾や大井埋立地が貴重な生息・飛来地となっていることは十分認識しております。

しかし、大井埋立地は、本来、市場用地として計画されてきたものであります。したがって、大井埋立地に生息・飛来している鳥類の取扱いについては、東京湾全体の自然保護問題の中で検討し、対処すべきであると考えます。

二、築地市場水産物部の全面残留を前提とした再開発に関する調査を、今年八月以降来年三月までの間に、再開発の可能性、手法、期間、費用等について実施する予定で準備を進めております。

三、現段階では、前回に回答したプラン以上のものはありません。

四、神田市場協会では「神田市場と大井市場を考える会」を七月一日に発足させ、神田市場の存廃と大井市場移転の可否について検討を進めております。

東京都としては、神田市場に関しては、あらゆる要素を検討した結果、全面移転する他ないと結論づけておりますが、なお、今後とも各業界、各関係者の理解と協力が得られるよう、最善の努力をするつもりであります。

五、環境影響評価調査は、東京都環境影響評価条例及び東京都環境影響評価技術指針の定めるところに従って実施するものであり、動植物に関する調査も全く同様に実施いたします。

調査は今年度において実施しますが、調査項目、手法については、現在、関係機関と調整中であります。

六、前回、回答したとおり、都民の要望や意見を聞く機会はできるだけ作りたいと考えておりますが、具体的な方法については、必要が生じた場合に、個々に検討したいと考えております。

回答書をもらう際の説明で今回明らかになったのは、「築地魚市場は全面残留、再開発の方針」「動植物についての環境影響評価調査（アセスメント）は、定められた指針に従って行い、来年三月までに終了」の二点だったが、調査者と調査期間への不信については回答がなく、都側の共存案については十月ごろたたき台を見せたい、ということであった。席上神野主幹が汗をふきふき、「新聞発表は大ゲサ。見切り発車などとんでもない」と市場長の失言を取り消そうとしていたのが、むしろユーモラスな印象だった。同じ席には港湾局の人もきていたが、公園拡大は市場整備計画ができた段階で調整したいという今までより消極的な態度で私たちをがっかりさせた。

結末はアメリカ映画かフランス映画か

この年の夏は、もっぱら築地市場通いに費やされた。神野主幹の言葉はいつ行っても変わりばえしなかったが、ふしぎにも初めは荒っぽいように思えた魚市場や青果市場の雰囲気が、いつのまにか親しみぶかく感じられてきた。明治以来つづいている市場の中は汚くて乱雑で、歩いていく途中突然マグロの胴体に出会ったり、投げすてられたキャベツにつまずいたりする。でもそこにはたしかに生きものの棲む所らしい活気があふれていた。人々は真夏の働き蜂みたいに活発に動きまわった。埋立地に建てられた近代的なビルの中に、このような活気がふたたびみなぎるかどうか、私にはわからない。コンピューターで管理され、システム化された未来の市場は、おそらく別種の雰囲気をつくりあげるだろう。

この夏の話題の一つはフジテレビの番組で、俳優の柳生博氏と埋立地を散歩したあと、野鳥公園の広場で対談したことである。〈自然は素朴がいい〉という柳生さんは、炎天下の草原で植物を調べながら楽しそうだった。これをきっかけに、二年後に「大井自然公園友の会」主催の行事にもマンガ家の園山俊二さんとともに出演していただいた。ここ数年間、マスコミが多方面で取りあげてくれたので、大井埋立地の物語はずいぶんいろいろな人のもとに届いたらしい。横浜中学の放送部の生徒がインタビューに来るなど、私も大勢の訪問客のお相手にかなり忙しくなった。

「小池しぜんの子」の本来の活動は、リーダー会と世話人会に支えられて順調だった。地質学専攻の大学院生中田正隆さんが『大田区報』のリーダー募集の広告を見て訪ねてきてくださったのもこのころだった。彼は私たちに生物の母胎である大地や過去の生物への新しい目を開かせてくれた。一時代がたって目だった変化は、ニューファミリーの入会者がふえたせいか〈父親参加〉が一般化したことだ。自発的に、ふだん着の気軽さで観察会や会合に来てくださる男性は大歓迎である。多層化がさらに広がったことは、会のマンネリ化も防ぐはずである。

そしてちまたの大騒ぎはどこ吹く風とばかり、大井埋立地の野鳥たちはそれぞれに、固有の生をいきていた。バードウォッチャーの目を楽しませたのはセイタカシギの群れだった。昭和五十七年には十羽も飛来している。ピンク色のほっそりとした足と、バレリーナのような白と黒の姿を水鏡に映しながら、パンの神の吹くアシ笛のように澄んだ声で鳴く。オスが子育てをするタマシギや、大型のオオソリハシシギ、オグロシギ、エリマキシギを見たのもこの年であった。

九月九日に開いた「大井自然公園推進協議会」と「大井自然公園友の会」の合同代表者会議で、あらためて自然公園・市場共存案を推しすすめることを確認し、十一月四日港湾局と都知事に「大井自然公園懇談会」が提案したB案に基づく共存案を、要望書とともに具体例として提出した。B案によると、バンの池は埋め立てられて市場の用地にあてられる。長年親しんだこの池を惜しむ声も多かったが、実は昭和五十五年ぐらいからバンの池への釣人の侵入が著しく、バンやカイツブリの巣の近くまで立ち入ったり、釣糸放置などのマナーの悪さが目だった。そのためほとんどの野鳥は、汐入池に生息地を移していたのである。さらにB案では、市場が湾岸道路に面し、公園が海の近くに位置することや、汐入池が存続するかぎり、新しい公園部分と汐入池をドッキングできるなどの利点があった。

十月二十五日。都卸売市場定例記者会見の席で、市場当局は初めて「大井市場は予定地全面の四十九・三ヘクタールをフルに使えないかもしれない。理由は市場で取り扱う青果物、水産物、花キの量が計画当初より減少のみこみであることと、野鳥の共存とのためである」と表明したのであった。また一ヵ月後の十一月二十六日には「野鳥と共存するのは当然の措置。市場当局の大井市場検討資料を見ると、四十九・三ヘクタールをとる必然性はない」という港湾局の豊島治企画部長の談話が掲載された。東京都はやっと大井埋立地の野鳥保護を、共存案という形で本気に考えはじめたようである。

気持がくじけたわけではないが、正直いって私は、かけ引きにふり回されてくたくたになっていた。大井埋立地の自然保護運動の結末が、一九五〇年代のアメリカ映画になるのか、フランス映画になるのか、つまりめでたしめでたしで終るのか、絶望のうちに幕がおりるのかは予測がつかないまま続けていたのである。でもうっすらと地平線がばら色に染まってきた。新聞を読んでそんな感じもしたのだった。

運動の落ちつかない気分のかたわら、「小池しぜんの子」の子どもたちが元気なのは、救いであった。十二月中旬、二十一人の親子が野鳥公園のボランティアグループに参加して、夏のあいだにのびすぎた観察路の草を刈ったり、樹木の根元にわらを敷く作業を手伝った。わらは千葉の農家から譲りうけたもので、ときどきかわいい穂がついていて「おコメがなってる！」と都会の子どもをびっくりさせた。午後は観察広場で餅つきの実演をした。一人のこらず杵をにぎった。自分でついたお餅に、きなこや大根おろしやあんこをまぶして食べた味は、特別のものではなかっただろうか。

五十八年になっても、かすかに色づいた地平線から朝日が昇ってくる気配はなかった。市場側も港湾局も煮えきらなかった。都庁のような巨大でりっぱな役所ほど、内部の調整ははかどらないのである。様々の意見や主張や利害が、上下左右に飛びかったりぶつかったりしているのだろう。でも時間がかかるのは、仕事をする人たちが生き物である証拠だ、と考えて私は安心することにした。機構の内部がコンピューター化されてしまったら、結論は早く出る。コンピューターによる解答は一つであるからだ。これからのお役所はどちらを目ざしていくのだろう。役所に求められている能率性、機能性重視の傾向が強まっていくような気がする。人の考えが機械で統制される時代が来るかもしれない。

私は小さな市場を集めて、大規模市場をつくろうという市場側の（農水省のというべきかもしれない）

論理の根底にはこういう近代主義があったと思う。単に老朽化や過密対策ではないのだ。江戸時代から続いている神田のやっちゃば（青果市場）にしろ、築地や大森の魚市場にしろ、それぞれが地域と密接に結びついて独特の市場文化圏を形成してきた。築地市場をとりまく六一一店の場外市場はもう皮膚のように卸売市場にくっついている。せまくて、ごちゃごちゃした市場が崩壊しそうでしないのは、それを必要としている一人一人の人間が接着剤の働きをしているからだ。でも大井埋立地に計画されている大規模市場では、接着剤としての人間の働きは無用である。コンピューターによって人間や車は互いにぶつかったり、渋滞したりせぬように巧く配置されるだろう。くっつき合わぬことが求められる新しい市場の原理であることが、計画担当の人と話しあいをしながら私が気づいた点だった。大井市場は現在の卸売市場とはまるで違った雰囲気になるだろう。

市場側からデートを申しこまれた！

一月中旬、私の『夢の壁』という小説が八十八回芥川賞作品に決定するというできごとがあった。私の第一の感想は〈嬉しい〉よりも〈困った〉に近かった。もっとすっきりした状態にいたならば、文学賞は私を天にものぼる心地にさせたにちがいないが、運動が未解決のままではその上にもう一つ重石《おもし》が乗ったような気分だった。でも友人や運動の仲間たちからお祝いの言葉をもらうたびに、少しずつ元気が回復していった。好機逃すまじ、という変な度胸まで出てきた。授賞式の挨拶で、文学に関わりのない〈野鳥保護〉について述べたてた私に、参列者の方たちはびっくりしたのではないだろうか。たくさんの祝電の中には、中央卸売市場長勝見氏からの傑作（？）もあった。

「ヨテイヒョウニナイデキゴトトゴケンソンデスガ　トモアレハエアルジュショウオメデトウゴザイマス　サクチュウノショウネンショウジョノココロノコウリュウヲモッテ　ゴコウサイヲオネガイイタシマス」

どうなってるの、まったく、もう。お祝いに野鳥公園を広げてくれないかなあ、と私は内心で独り言をつぶやいていた。

二月二日。神野主幹から珍しく電話が入った。市場側は港湾局や業者と話しあいをしていること、バンの池周辺の地盤が市場建設に耐えるかどうか検討中であることなどをさりげなく伝えたあとで、

「どうでしょうか、私的な会合という形で協議会の方たちと内密にお話ししたいのですが。時と場所を指定してくだされば、どこにでも行きますから……」

これには私も驚いた。四年越しのおつき合いだが、市場側からデートを申しこまれたのは初めてである。つねに私たちが一方的に押しかけていく、いわば片思いなのであった。願ってもないことと、さっそく二つ返事をして二月十八日『田園』まで来ていただくことにした。堀越さんから、別れ話かもしれないから嬉しい顔をしてはいけませんと釘をさされていたので、厳しい様子にとりつくろって待っていた。けれどやはり私の勘は半ば当たったのだ。市場ではいつも生まじめな神野氏は、内密の相談のせいかとてもリラックスした人物に変わっていた。二月七日に市場卸売業者による検討委員会が開かれて意見がほぼまとまった旨を伝えてから、紙ばさみから幾枚かの設計図をおもむろに取りだ

してパラパラとめくってみせた。市場側からの初の具体案である。私と堀越、小河原、坂本の協議会側は目を輝かせてのぞきこんだ。だがまもなくがっかりして顔を見あわせた。私たちが呑めそうな提案ではなかったのである。四十ヘクタールぐらいの長方形の市場敷地がべったりと中央部の位置を占め、それをかこむ幅の広い廊下のような部分を野鳥公園にしようというのだ。

「いかがですか」

皆がいっせいに首を横にふったので、神野氏は困った表情になった。

「また、だめですか？」

「駐車場が広すぎます。もったいないから地下に作ったら？」

「七二〇〇台も車が出入りしますのでね。四階にも二〇〇〇台は入るのですが、買出人は平面を使いたがるのですよ。不公平にならない設計というとどうしても広がってしまうのです」

「一般の人たちはウサギ小屋できゅうくつに暮らしているのに。なぜ大井市場だけこんなぜいたくな建て方をするんですか。それこそ不公平ですよ」

「使いやすい設備にしないと、大井市場に業者が移ってきたがらないのです」

「ごほうびってわけね。でも来たくない人をどうしてむりに移転させるんですか。こちらはもともと来てもらいたくはないんですから」

「今の市場は過密で、ここしか用地がないのですよ」

「市場のビルに中庭がどうしているのかしら。ここをつめてできる空間を公園にまわしてほしい」

「利用者が——見学者も含めてですが——気持よく使える建築でないと……。レストランや展望台も予定していますよ」

「野鳥公園が真下に見えるから、いい景色でしょうね」

「そうなんですよ」と神野氏は熱っぽく言った。「屋上に望遠鏡をおいて、鳥をのぞいてもらおうと考えているんですが、どうでしょう？」

おや、いつのまにか神野主幹も、野鳥公園フィーバーに巻きこまれていたのである。

「それはいい案だな。もっといいのは屋上の一部をコアジサシの営巣地にしてもらうことです」

「賛成。それこそ市場と野鳥生息地の真の共存だ」

「そこまではムリですが、〈鳥を眺めるレストラン〉などはいいですね」

神野氏も主幹という肩書をはずせば、夢みる〈ふつうの人〉であった。でも協議会としては甘い態度はとれないのである。

「とにかくこんな水まし設計は受けられません。懇談会の共存案をよく見てください。私たちもあの線までは譲歩することにしたのですよ」

「市場も最低一〇〇年間はもつ設計にしなくてはなりません。そうでなかったら意味がない」

秘密会談は結局は市場案を突き返して終りになった。その直後、今度は大田区議の佐々木さんから変な話が伝わってきた。大田区が当初は移転案のなかった花卉市場の誘致を受けいれたので、協会側は野鳥公園の面積として二十三—二十四ヘクタールでがまんしてくれないか、というのである。東京都が大田区に根を回したのだろうか。目に見えぬ忍者の影が周囲に出没しているような気がしてきた。でもそれからしばらく、市場からも港湾局からも音沙汰がなかった。その間、私は芥川賞騒動の渦の中心で溺れまいと必死にあがいていた。疲れきりながらも、私は自分にペンというこよなき力強い援軍ができたことを感謝した。万一、これまでの正々堂々とした運動を無にするような小細工をしたら、遠慮なく公表することができる。やはり賞をいただいてよかった、としみじみと思った。

運動がもりあがるのはふしぎと夏の盛り

ふたたび都知事選の季節が廻ってきた。保守系の鈴木俊一氏の対抗馬がなかなか見あたらず、告示ぎりぎりで「平和と革新都民連合」から松岡英夫氏が候補者に立つことになった。都内の自然保護団体は、これを機会に両候補に自然環境についての公開質問状を出すことになった。協議会は「大井埋立地の利用をめぐって、具体的にどのようなお考えをおもちですか」という質問をのせた。鈴木氏から「野鳥公園と市場の土地利用の調整を図りながら、このような貴重な自然はできるだけ広く確保し、保全していく」、松岡氏からは「埋立地における現利用計画を大幅に変更しなければならないので、都民アンケートの実施、都民参加の検討委員会の開催等を通じて、都民の要求に見合った新しい計画をたてる」という回答があった。選挙の結果は松岡氏の敗北になり、大井埋立地の自然保護運動は従来と同じ流れにのって続行することになった。

五月九日。市場が練り直しプランを見せたい、と連絡してきた。協議会側はもしかしたら大幅に変更されたかもしれないと期待して、代表の私と堀越、増田、簡、市田、佐々木、坂本の七名が連れだってぞろぞろと出かけた。市場長室に案内されると、勝見市場長、神野主幹ほか四名の役人が待っていた。

「鈴木都知事は野鳥と市場の共存共栄でいこうとしています。神田市場は諸事情から移転させるが、築地市場は当面再開発でいく予定です」との前おきがあって、いよいよ設計図のコピーが配られた。

二月案よりは幾分、自然公園のスペースが広がっているようだ。でもいぜんとして、市場は中央にわがもの顔にいすわっている。面積の数値を見ると案の定、自然公園は二十・三ヘクタールである。その中には現在の三ヘクタールの部分や緑道も含まれているから、実質では十五・六ヘクタールの拡大になる。それに対して市場用地は三十三・七ヘクタール、道路の向うに渡った敷地も含めればゆうに四十ヘクタールを越す広さだ。何が共存共栄よ、これでは今いる野鳥の半数は追いだされてしまう。私が怒りだした気配を察した市田さんが、沈着に口火を切ってくれた。

「野鳥の会ではほんとにギリギリの線で三十ヘクタール案といったのです。二十ヘクタールではチュウヒなどの生息が保障できない。意味ある数字とは思えませんね」

「これは市場案ではなくて、港湾局の意向も入れた都案と考えてよろしいですか？」と私も怒りの虫を抑えて言った。

「そうです」

「そして本気で市場と公園の共存を図るつもりですね」

「知事が声明したとおりです」

「それなら三十ヘクタールまで広げてほしい。野鳥の専門家がこの面積では狭すぎるといっているのですから」

勝見市場長が、身を乗りだして断固と答えた。

「五十ヘクタールから三十を引けば、二十ヘクタールしか残らない。これでは市場計画も成立しえません」

二時間も押し問答したあげく、協議会のメンバーたちは東京都の方針にこれ以上変更がないかぎり、会合を重ねる意志はないとして退席したのだった。まるで都と自然保護団体の勢いが入れかわったように、強硬に。打開するほかの手段とてなかったが、私たちはこれ以上は野鳥のためには引けない心境であった。

五月十八日に、また妙な記事が大見出しで朝日新聞の夕刊一面に載った。「野鳥の楽園残します」。「東京都は十八日までに、築地市場の移転を事実上断念し、野鳥愛好家たちが保護をつよく訴えている予定地の三分の一、約二十二ヘクタールを、生息地として残す方針を固めたためである」

私たちはキツネに化かされているように面くらった。またリークだろうか。でも二十二ヘクタールではまだいい顔はできない。向うが攪乱戦術に出るなら、こちらは冷たい態度で静観するまでだ。私は協議会全員に、朝日の記事は無視するように通知した。しかし朝日新聞も含めてマスコミの取材者の多くは、ほんとうに用地獲得が成立して、保護運動が終った、と思ったらしい。各紙ともいっせいに、これで決着という論調で扱っていた。気の早い友人は私に「おめでとう、よかったわね」と電話をかけてきて、私に叱られて驚いて引きさがったりした。

協議会の主管団体会議の空気にも、この影響が微妙に表われた。

「あんまり突っぱるのも考えものかなあ。元も子もなくさぬうちに歩みよったほうがいいかもしれない」

「だめ、だめ。ぜったいいやよ。何のためにここまでがんばったのよ。チュウヒが生息できる条件まで広げなくちゃ」

「いよいよとなれば知事室に座りこみですワ」

小河原さんが、彼らしいことを言ったが、私はその言葉に飛びついた。

「そう、その手よ。「小池しぜんの子」はぜんぶ参加してくれるわよ。皆、そういうことやってみたいとかねがね思っている人ばかり。親しくしているほかの自然保護団体にも声をかければ、知事室も廊下も占領してしまうわ。まず皇居前あたりに集まって、都庁まで練り歩くの。黒幕でおおったお棺に、野鳥のワッペンやシールをぺたぺた貼るの。『下手人を探せ！』って旗たててさ。ああ、やりたい、やろう！」

「ついでに加藤さん、ハンストしなきゃだめだよ。新聞の材料になるんだからね。ぼくもつきあいますが、アルコールだけは持ちこみ許可にしてください」

どちらに転んでも、なぜか協議会の人たちの言動には悲愴感が伴わないのである。でも座りこみのことも、デモもハンストも真剣に考えているのだ。早急に人集めしようと、自然のグループのいくつかに電話をすると皆「必ず駆けつけるから安心してください」。折しも七月二十日、夏休み合宿の準備会をかねて「小池しぜんの子」の総会が開かれた。その席で報告すると、口々に「行きたいわ」「夏休みのうちがいいわよ、子どもも参加したがるから」と大騒ぎになった。どうやら知事室前の座りこみは、点火すれば燃えあがりそうな情勢になってきた。運動がもりあがるのはふしぎと夏の盛りである。

条件つきで合意する

突然、また市場から連絡があった。苦心して再三プランを練り直してみたので、ぜひ見てほしいという話である。何となく最後の交渉、という予感がした。協議会側の出席者は代表の私をはじめ「日本野鳥の会」の小河原さん、「大井埋立自然観察会」の堀越さん、増田さん、「大田自然を守る会」の佐々木さん、箭さん、「池上自然観察会」の坂本さん、「小池しぜんの子」からは常連の小沢さんと一年前から世話人代表を務める吉川加奈子さんの計九名である。代表者全員に声をかけたのだが、平日の昼間なのでこれ以上集まれず残念だった。市場の会議室は、魚市場の歴史と同じくらい古そうだ。天井も壁紙も造作も、昭和初期のよき時代の面影が残っている。どっしりしたテーブルの向い側に、市場と港湾局の担当者が並んでいる。港湾局の企画部主幹はまたポストが変わり、海上公園でおなじみの山田元一氏になったので、少し気が楽である。でも市場側は神野氏はじめ一同硬い表情だ。横に一団になっている新聞記者やテレビ局の人のせいかもしれない。市場長の席は空いたままである。ひどく蒸し暑いのでだれかが窓を開けた。漁港と錯覚するほどの魚の匂いが入ってきた。

市場側が資料を配った。皆でしんとしてしばらくは視線がコピーに釘づけになった。『大井市場用地及び海上公園計画調整案』。一見してあまり前回と変わっていないので失望した。市場上部の公園用地がいくらか太くなった感じだが、市場の位置は前と同じだ。抗議しようと口をとがらせたが、ふと数字を見ると、なぜか野鳥公園面積二十六・六ヘクタールとなっている。前回は二十・三ヘクタールだった。いったい六・三ヘクタールはどこから捻出されたのだろうか。皆の疑問に答えるように神野主幹が立ちあがった。

「ふえた面積は、市場用地を二・四ヘクタール削り、また開発行為に条例で義務づけられている八%の緑地部分二・四ヘクタールと国鉄用地の〇・二ヘクタールを、公園設計案に組みこんで野鳥公園として機能させることにしたからです。また港湾局との話しあいで、現在は汐入池になっている運河予定地から二・四ヘクタールの干潟を公園用地としてもらったので、全体として二十六・六ヘクタールになりました」

なるほど、これが手品の種だったのだ。市場内の緑地を公園に提供することで、市場そのものの面積は確保しようという苦肉の策だが、公園と市場用地は隣接しているので、ちゃんと自然公園として設計してもかまわないのなら、公園用地と変わりはなくなる。

「どうでしょうか」と神野氏が私たちに向ってたずねた。「市場もこれがギリギリの線だろうということで、港湾局も水域部の一部を公園用地に回しました。協議会の主張にはわずかに足りませんが、ぜひ賛同してください」

「野鳥公園面積を苦心して拡大した点は評価しますが、別の設計屋さんに頼んで全くちがうイメージで共存案をつくってみたらどうでしょう。数案を比べてもっともよい案を選ぶという方式、コンペをするべきだと思いますよ。とくに東京都などの公共の施設だったら」と堀越さんが本質的な問題を提起した。

「それは理想的ですが、現行では入札制度なのです」と神野氏は言った。「私どもとしては業者に気をつかわねばならない立場なのです。ある店が便利で、ある店が不便な位置だとまずいし、荷物をつんだ車の動きを少なくするために動線を円滑にする必要がある。この面積で別の設計ができたら、神ワザです！」

けれど私たちの側から見れば、やはりもっと野鳥にも気をつかってほしいのであった。あと三ヘクタール広げてほしい、いやムリですという議論が二時間つづき、皆の額に汗の粒がたまった。

「しばらく休憩してください」と私は要求した。「こちらだけで相談したいのです」

協議会の九名は会議室の後方に集まり、シマウマみたいに円陣を作って小声で議論した。

「最大の難点は協議会側の共存案に三・四ヘクタール足りないことね」

「でも現在、最も野鳥が来る汐入池は少なくとも十年は手をつけないと言っています。それだったら実際には四十ヘクタール以上の野鳥生息地が残るわけです」

「昭和五十年には自然の公園用地はゼロだったのよ。それが五十三年には三ヘクタールが認められ、今ほぼ九倍の二十六・六ヘクタールが公認されようとしている。（ささやくような声で）将来はもっと広がる可能性だって……

「でも、三十、三十って言いたてていたのに、恰好つかないね」

「今日この席で、協議会がこの案をけったら市場当局に都合のいいように一方的に後退させられるでしょう。港湾局も協議会のバックアップなしには、野鳥公園を大幅に拡大できない情勢になっています。都庁内でもいろいろ批判があるらしいし……」

「協議会としては花より実をとったほうがいいと思う」

「これでは細かい所が少し手ぬるいんですよ。たとえば国鉄のトンネルの上で公園用地が左右に分断されています。架橋だけではちょっと心細い。市場用地が干潟にくいこんでいるのも気になる」

「それでは基本的にはおおむね合意だが、細部については引き続き検討会を開いて煮つめたい、という返事にしたらどうかしら。それから市場緑地を野鳥公園に組みいれる部分は、担当者が変わったり、長年月たつと将来ウヤムヤになる危険性があるわ。市場と港湾局の約束事として、その旨をしっかり文章化して三者で保存することにしてもらいましょう」

「それと拡大された公園の設計や管理面も、必ず協議会と相談をしながら進めていくという約束もしなければ」

「これで意見が出そろったようですね。協議会としてはこの際運動を続けることを前提に花より実をとる、つまり今日の案におおむね合意ということでよろしいですか」

「いいでしょう」
私たちは座席に戻り、都案へは条件つきで大筋合意であることを告げた。都の関係者の表情が急にゆるむのがわかった。私たちの出した三つの条件——細部についての検討の続行、市場緑地部分の公園化についての文書交換、公園の設計管理についての話しあいの継続も異議なく承諾され、窓口は港湾局にきまった。

魚の匂いの漂う築地市場の会議室で、八年半に及んだ大井埋立地の自然を守る運動は一つの区切りを迎えたのだった。

昭和五十八年八月十一日午後三時半。

それは私がしばしば想像していた場面よりも、ずっと穏やかであっさりしていた。予想していた涙も笑いも興奮もわきあがってこなかった。私は協議会の仲間の人や都の関係者たちが、どんな様子でどんな話をしていたのかもはっきり覚えていない。一口で言えばぽおっとしていたのである。私の心は季節はずれのユリカモメのように、会議室の窓から飛びだして大井埋立地の青いアシ原の上をひらりひらりと舞っていたのだ。

〈よかったね、ほんとによかったね……〉

四時近くなって別の会議に出ていられた西村慶太郎市場長が挨拶にこられた。がんばり屋の勝見氏は今日の妥結を待たずに退陣されたのだった。でも明日の朝刊を目を皿のようにして読みふける勝見氏の巨軀が目に浮かんだ。

「結論が本日出て嬉しく思いました。野鳥の生息地が残るように私たちも努力しました」

それが都側担当者の本音のように聞きとれたのは、まだまだ私が甘いせいだろうか。新橋駅に向かって、たそがれの街を歩きながらだれかが言った。

「本番はこれからだからね、加藤さん。おめでとうはもう少し延期しましょう」

ほんとうだった。テーブルで検討した共存の構図は、人間の頭脳の産物にすぎない。それを壮大な妄想に終らせず、野の生きものとヒトが隣りあって現実にすみかを分かちあうまでまだ努力が必要であろう。それにおめでとうを言いあうと、突然穴のあいたゴムまりみたいに自分がしぼんでしまうような気がした。しぼんだゴムまりにはまだなりたくない。それよりも、協議会からお礼を述べなければならない人々が何千人もいた。かなりたいへんだが、今までにない喜びのともなう作業である。


風が秋を運んでくる季節になりました。大井埋立地の自然を守る運動にいつもご協力を頂き本当にありがとうございます。

今年に入って東京都は、何回か大井埋立地の利用案を私たちに示しておりましたが、そのいずれも現在生息する野鳥や生きものには不適と思われたため再考を迫っておりました。

ところが去る八月十一日、都は市場予定地四九・三ヘクタール中、自然公園部分二十六・六ヘクタールというかなり私たちの共存案（自然公園三十ヘクタール）に近い修正案を出してきました。

私たちの要望よりも三・四ヘクタール不足ですが、公園の位置も水際にとり、今後の話合いの継続も約束するなど積極的な姿勢も見せていますので、一応大筋として了承することにしました。

八年半の長い間のご支援を心よりお礼申し上げます。今後はすばらしい自然公園の実施に関係者一同努力していくつもりでおります。よろしくお願いいたします。

昭和五十八年九月吉日

大井自然公園推進協議会

代表　加藤幸子

翌日の毎日、読売、東京新聞は「広びろと野鳥の里」「野鳥との大井用地配分決着へ」「野鳥に領有権」などの見出しで会議の模様を報道した。朝日新聞では十八日の「天声人語」で

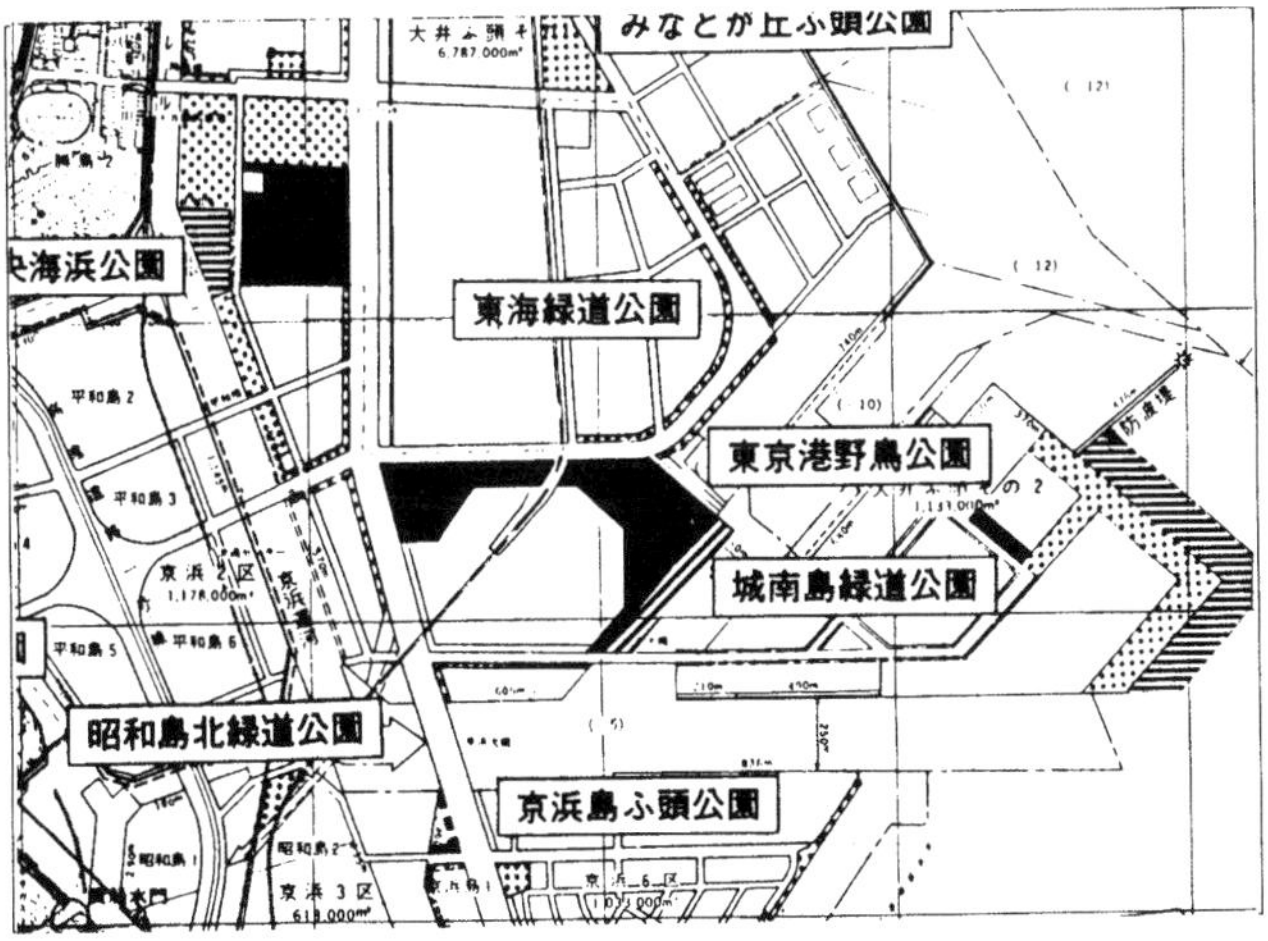

野鳥公園の配置図

(『東京都海上計画配置図』より)

紹介された。会う人ごとに「よかったね」「ありがとう」をくり返して歩いていた。

市田則孝さんは「ご苦労様でした。これからもいっしょにがんばろう。ところで知ってる？　東京都はすごい損をしたんだよ、加藤さんのおかげで……」

「何の話？」と私はきょとんとした。

「埋立地を売り払えば三〇〇〇億円転がりこむはずだったんだよ、港湾局のふところに。野鳥生息地として残したからその分損したの」

「何よ、そんなはした金」と私は言った。「お金は消えてしまうけれど、自然はいつまでも残るわ」

私たちの失ったものは大きすぎたか

昭和六十一年三月十二日、この手記を書いている一週間前のことだが、私は書き物の手を休めて三時間ほど汐入池まで散歩にいった。仕事で頭の中がしわくちゃの紙くずみたいになると、私はよくこの手を使う。あの日から二年半以上が過ぎている。大井埋立地はその間、確実に変貌をとげた。もう汐入池に到達するのに三ヘクタールの野鳥公園（「東京港野鳥公園」と改称した）↓緑道↓バンの池↓コミミズクの丘↓キジバトの森↓汐入池というコースは無意味である。バンの池は昨秋埋めたてられ、コミミズクの丘は平らになってしまった。見わたすかぎりのアシ原も能舞台のように夢幻的なチガヤの原っぱも、グラウンドのようになだらかな市場用地に変わってしまった。四季折々の野花もバンの池にたたずむ白いサギの姿も今や夢物語の一部である。私たちの失ったものは、やはり大きすぎたのではないか、と金網の外側を迂回しながらキリキリと刺すような感じを胸の中に覚える。

城南大橋をのぼっていくと、汐入池が見えてきてほっとする。三月に入ってもあいかわらず冬の渡り鳥、カモとカモメでにぎやかである。橋と池との境界に建設用道路ができてしまったが、橋の下の東京湾に開いた干潟はぶじである。

大井埋立地の自然保護運動が、一九五〇年代のアメリカ映画であったか、フランス映画であったか、今でもやはり私にはわからない。ある人々は苦々しい思いでつぶやいている。

「バンの池を渡すなんて許せなかった。署名のときの半分で妥協してしまうなんて情けない。明らかに東京都に丸めこまれたのだ」

また別の人々は「え？　都内に二十六ヘクタールの自然の公園ができるの？　白金の自然教育園より広いんだって？　すばらしいね」

釣り人は「公園ができることになったので、追いだされちゃったよ」

バード・ウォッチャーは「前より狭くなったけれど、野鳥が集中するからかえって見つかりやすいかも……。もっと森林性の鳥がふえるかもしれないね」

「小池しぜんの子」の親子は「新しい自然公園が早くオープンするといいね。どんな公園かとても楽しみだわ。だって私たちの運動が実を結んで生まれたのよ」

リーダーは「公園が広がったらきちんとしたカリキュラムを作りたい」

つまりこの世のあらゆる事象と同じく、大井埋立地の自然保護運動の評価は人によってまちまちである。成功と思えば大成功、不成功といえばそれまでである。人間側の評価はそれでいいのではないか、と私は思っている。二十年前に、たまたまヒトのつくった新しい〈国〉に、野の鳥たちがすみついた。その〈国〉の一部を、ヒトが彼らにすみかとして返すことがきまった。これは現代の都市づくりの流れの中では、非常にまれなケースである。つねに追いたてをくっていた野鳥の側からいえば、ルネッサンスに相当する事件である。このケースがもしかしたら、全国の都市に成功した実験例として波及していくかもしれない。〈国〉の意味が新しく見直される糸口になるかもしれない。それだけでも運動を続けてきてよかった、と代表の私は感じているのだ。

城南大橋に立つと、十年前に比べて汐入池が半分ぐらいに縮まったような気がする。アシの群落が四方八方から押しよせ、泥がたまって底が浅くなってしまったのだ。実は昨年の八月の猛暑で、汐入池は一度からからに干あがってしまった。皆で大騒ぎをしたあげく、小河原さんが荏原製作所から高性能の排水ポンプを借りてきて、海から水を汲み入れた。このポンプがなかったら、私たちの積年の成果もシャボン玉のように破裂してしまうところだった。

二年半のあいだに、大井埋立地はもう一度大危機におそわれている。昭和六十年一月二十六日に起こった大火である。それまでにも年に二、三回、釣り人のたき火の不始末や子どもの火遊びが原因の野火があったが、そのたびにボランティアが駆けつけて消しとめていた。しかしこの日の野火の勢いは消防署も手におえなかった。十三日間、異常乾燥注意報が続いていたカラカラ天気のせいで、いっぺんに二十ヘクタールの枯アシや草原が燃えあがったのである。ニセアカシヤの森も黒こげになってしまった。そのとき現場にいた日本野鳥の会のレンジャーの佐々木さんは「黒煙が一〇〇メートルぐらい舞いあがり、鳥たちは鳴きながら逃げまどった」と話していたが、繁殖期ではなかったので死んだ鳥はごく少数だったのが不幸中の幸いであった。私が翌日行ってみると、いちめんの焼野原にすでにホオジロ、ツグミ、タヒバリの群れが舞いおりて、地面の虫やえさをさかんにつついていた。野鳥たちが環境の変化に意外に臨機応変なのに感心したものである。

また被害はこれほどではないが、ブラックバス騒動というのがあった。釣りには引きが強くて面白いブラックバスの幼魚をバンの池に放した釣り人氏がいて、やがて同類の魚はおろか鳥のひなまで食べてしまう凶猛なこの外来魚が大繁殖したのである。野鳥公園の池にまで入りこんできたので、野鳥の会ボランティアに「小池しぜんの子」の会員も協力して、水ぬきと底ざらえをして、十数匹を捕獲した。バケツに入れられたブラックバスの運命は、天ぷらにされたという噂もあるが、どうなったかは不明である。

人間と自然が生みだした新しい〈国〉

城南大橋を下った地点で、汐入池の岸辺におりていった。「ミャオミャオ」とウミネコの鳴き声が聞こえた。池の中に並んだ杭の上に、微笑しているような顔のユリカモメが並んでいる。手前にいるやや大型の二羽は、ただのカモメである。カモメ集団の右方にカモの集団が活発に動いている。ハシビロガモ、ホシハジロが目だって多い。オナガガモ、スズガモ、キンクロハジロ、ヒドリガモの姿も見える。大半はしっかりと異性の心を射とめているらしく、ペアーになって泳いでいる。ほかのオスが近づくと、メスが自分の彼氏をけしかけて、ほかのオスを追っぱらわせるのが面白い。

汐入池の岸辺には、初期のボランティアが建てた朽ちかけたハイド小屋(鳥を驚かさぬよう中に隠れて観察する所)がある。私は腐りかけた板をおそるおそる踏んで、水の上に突きだした小屋の中にもぐりこんだ。早春の夕暮れ時にしては暖い日だった。一羽のオオバンが「ケンケンケン」と声高に叫びながら、池を横断していった。双眼鏡でその跡を追った私の周囲で急にパシパシパシという軽い乾いた連続音が聞こえた。「チューイチューイ」というかわいい鳴き声もする。ハイドの窓から外をのぞくとスズメぐらいの小鳥がアシの茎にまたを開いて止まり、茎を引き裂いている。内部の虫を食べているのだ。繁殖期にはふるさとの北海道に戻っていくオオジュリンである。

汐入池の斜め北側の方角で、ユリカモメの群れが白い竜巻きのように舞いあがっていく。ここからは定かではないが、新しく拡張された公園の位置に当たる。すでに昨年中に、半分ほど工事が進んだ。草原にバンの池の代りとなる池が新たに掘られ、コアジサシやコチドリが繁殖する砂礫地もつくられている。周囲の傾斜地にはぎっしり樹木の苗が植えられた。これらはすでに三ヘクタールの公園をつくるときに実験ずみである。今年の夏は、何となく落ちつかないこの人工の自然に、野草やアシが茂り、緑が回復してくるだろう。それにつれて野鳥をはじめ様々の生きものたちがこの新しいオアシスめざして移動してくる。大井埋立地に通いつづけるうちに、自然は本来、流動的で多様性に富むこと

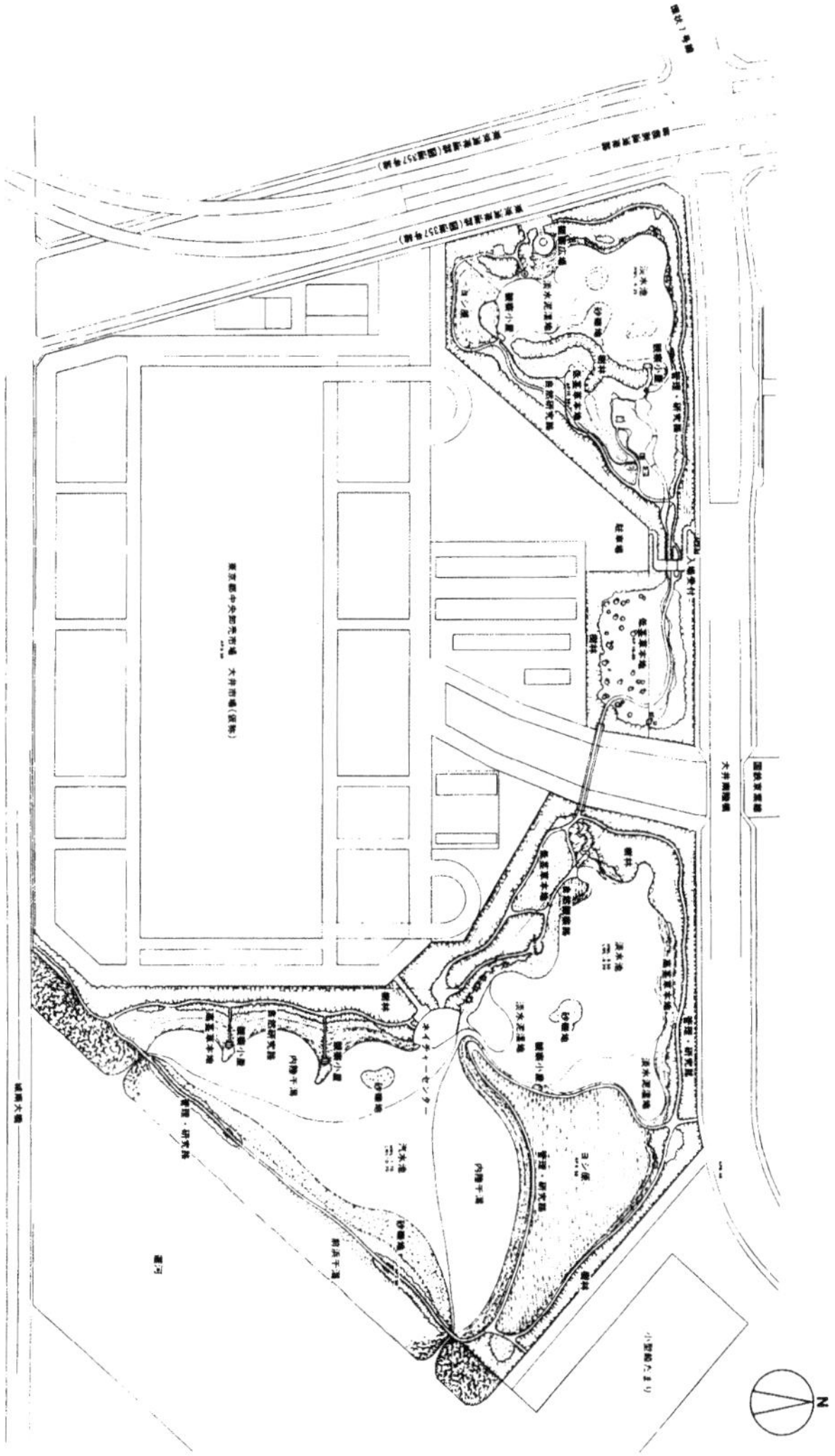

大井野鳥生息地保全基本計画平面図

（『同調査報告書』より）

を肌で感じるようになった。安定した自然というのはたぶん類まれな極相林の話であろう。私の知っている埋立地の自然はつねに少しずつ動いている。新しい種類がふえたり、いたものがいなくなったりする。以前あった環境条件を再現してやることで戻ってきたりもするが、戻ってこないものもいる。自由に移動できる野鳥の場合は、えさと安全な休息場所がもっとも大事なことらしいが、それでも前の年には来ていたのに、翌年は来てくれないという鳥もいる。

一般に信じられているようにある地域の自然は永遠の姿としてはありえない。多種多様の生物がそれぞれ自己主張をしている場のようなものではないかと思う。汐入池のように放置しておくと十年もたたぬうちにアシ原の勢力が広がり、周辺は単相化して鳥の種類は限定されてくる。そのほうが自然らしくていいと考えている人もいる。でも私は地球上にはヒト以外に多種多様の生物がヒトと同じように暮らしていることを認識するのが、自然保護の基本だと思う。そういう生物が私たちの身近にいるのは楽しいし、彼らを受けいれることで私たちの生活はより豊富なものになる。私は地球を大井埋立地という地域の独自性の中でサンプル化してもらいたい。その特性である多様性を保つために自然公園は上手に管理されねばならないだろう。同時に都市であるがゆえに生じる人間の圧力からも自然を守らなければならない。

私たちは拡大される自然公園の管理者として、学者からただの鳥好きまで幅広い会員層を持つ「日本野鳥の会」を都に推薦することにした。港湾局はこれを受けて、昭和五十八年に大井埋立地の野鳥生息地保存の基本計画を同会に委託し、運動に加わった堀越、高木、加藤も計画検討委員会（会長品田穣氏）の一員として参画した。それと平行して私はたびたび「小池しぜんの子」と「協議会」の合同会議を開いて、新しい自然公園への具体的な要望や意見をまとめて委員会にのぞんだ。基本計画の中で公園内の拠点ともなるネイチャーセンターの設計を担当したのは、武蔵野美術大学助教授の立花直美さんである。彼女のフレッシュな才能が、日本野鳥の会のウトナイ湖サンクチュアリで発揮されたように、私たちが守り育てた大井埋立地の自然公園でも表現されることを楽しみにしている。

翌年の公園の基本設計は外部のアーバンデザインコンサルタントという会社に落札された。私たちは現在、その会社の設計陣とアドバイザー会議を開き、野鳥や野鳥の生息環境、公園の設計やデザインに関して情報交換や議論を交わしている最中だ。

昭和五十九年三月。「小池しぜんの子」は大井埋立地の野鳥公園の造成に長年協力したという理由で「山本有三記念郷土賞」をいただいた。当日はともに運動を担ってきた小沢さん、世話人の吉川さん、会報編集に意欲を燃やしているパリパリ母さんの佐川陽子さんといっしょに授賞式に参加したが、「小池しぜんの子」はこの運動に関わりあったすべての人の代理でいただいたものと解釈している。

昭和六十四年には、「東京港野鳥公園」と名づけられた自然公園がオープンする予定である。この公園は人間が勝手につくったものでも、自然が勝手につくったものでもない。これはヒトと自然の共作である。埋立地によみがえった自然の力に打たれたヒトの感性と技術が産みだしたもう一つの新しい〈国〉なのだ。その国を都市の中のヒトと野生生物の共存例として、大勢の人に訪ねてもらいたい、と考えている。

開園から十五年

いよいよ着工へ

野鳥公園の設立が決まってからは、それまでかなり無理をして続けていた作家の仕事に、やっと専心できる状況になり、それが何よりも嬉しかった。生活の主な時間を机に向って原稿を書き、ときどき野外に出て動植物に親しむという、理想の暮し方に近づいたのである。でも協議会のメンバーには、開園までのかなり長い期間に、せっかくわきあがった一般の人々やマスコミの関心を、冷却させてはならない責任があった。それらの関心はもしかしたら〝野鳥のためにつくられた珍しい公園〟という肩書に寄せられただけかもしれない。野鳥公園という枠組を越えて、〝自然〟への関心が広まることがより重要なのだ、という点で、みんなの意見は一致していた。それで、散発的にではあるが、地元を中心にいくつかの行事を行っていた。中でも大森西友の六階小ホールで、今は亡き漫画家園山俊二氏と俳優の柳生博氏、私が、こもごも自然観を語った鼎談の思い出はなつかしい。御両人ともわずかなお車代だけで参加してくださったのだ。

「日本野鳥の会」が中心になって作成した基本計画に役所の意向を加えた造園設計会社による基本設計の検討会議では、そのあまりに専門的な綿密さゆえに、「協議会」はどちらかというと、プロのお手並み拝見という感じで参加していたのだった。しかし、設計が完成したとき、私の頭には「自然にとっては、自然にまさる設計者はいないのではないか?」という疑問が浮かんだり消えたりしていた。完成図から読みとれる野鳥公園の自然環境では、現状のような荒々しい野性の息吹は抑制され、代りに限られた用地の中で、草原、湿地、淡水池、潮入池、干潟、樹林、水路など種々の生物が好みそうな環境が配置されていた。観察小屋やネイチャーセンター、研究棟などは自然により深く接するためには欠かせない施設だが、基本計画では低茎草本地(つまり雑草広場)になっていた入り口付近が、芝生広場に変わり、そこに自販機やパンなどを置く売店まで立つそうだ。従来の公園とは異なるイメージをもたせたかったのに……と、観察会で手弁当と水筒持参を約束事にしている「小池しぜんの子」や「池上自然観察会」は反対したが、都側は、振りの来園者の方にも便宜をはからないと、この辺りには食事をする店もありませんし、と弁解するのだった。野鳥の会の小河原さんは、何、すぐに芝のあいだから雑草がどんどん伸びますワ、と楽観的。

こんなふうに人間の利用に関する部分はあいまいのまま、工事が始まることになった。参考例のない大都市の中の自然公園ならではの難しさだった。計画が海上公園審議会の承認を得たあと、着工したのは昭和五十九（一九八四）、完工したのはネイチャーセンターの建設が終った昭和六十三年（一九八八）である。予定どおり丸四年かかっている。繁殖期を避ける、一時に大面積に手をつけない、など野鳥に配慮を払った事情もあった。その間はたまに様子を見にいくだけであった。自然環境回復のためとはいえ、一時的にでも鳥たちは慣れた場所からは追いだされ、掘ったり、埋めたりの土木現場は人の目にいかにも寒々しい。六年前につくられた例の三ヘクタールの公園には、すでにすくすくと樹林が成長し、小さい池にも多数の水鳥が飛来しているので、大丈夫とは思うけれど、もし鳥たちが戻ってこなかったら？という不吉な考えまで湧いてくる。初めての子育てのときのように心配の種は尽きないのだった。

平成元年（一九八九）十月十七日は東京港野鳥公園の開園式だった。奇妙なことに当日の模様を、私はほとんど覚えていない。港湾局、日本野鳥の会、大井自然公園推進協議会の関係者はもちろん出席していたが、記録によると鈴木都知事、西村大田区長、大山都議、大田の角栄こと醍醐都議が祝辞を述べたことになっている。式場もその後のパーティ会場も、野外の広場だったが、記憶はぼんやりしている。生涯でもまれなる体験の総決算の日であったのに感動が薄かったのは、もしかしたらその昔、お仕着せ〝成人式〟を拒否した私の天邪鬼《あまのじゃく》としての片鱗がなした業かもしれない。

ただし開園直前に起きたばかげた？小騒動はよく覚えている。都知事一行が来臨するというので、生態園の草刈りをするようにとの要請が秘書室からあって、私たちは唖然とした。自然公園の意味が通じていない！ともちろん反対した。困った公園当局は、結局入り口近くの歩道だけきれいにしてお茶を濁したのだが……。

野鳥公園が一般に公開されたのは翌十八日からである。朝日新聞に「『野鳥公園』日本一に」という見出しの紹介記事が載っている。

「『東京に自然を』という市民の声を生かした東京港大井ふ頭埋め立て地の『東京港野鳥公園』が、十八日、日本一の規模に拡張されて開園する。大田市場の当初計画を縮小、二十四ヘクタールを野鳥のために残し、約三十億円かけて野鳥公園に整備した。カイツブリやゴイサギなど約百二十種が見られ、初心者も日本野鳥の会の会員の指導で観察できる。埋め立て地に帰ってきた『自然』と人間との、共生の試みが始まろうとしている」で始まり、公園風景の写真や地図入りのかなり詳しい記事だった。

「日本一の規模」の前に、〝大都会の自然公園としては〟という断わりをつけるほうが正しいのだが、最後に私のコメントが載っている。引き写すと「運動を進めて十四年。零だった公園が二十四ヘクタールにもなりました。都内で初めて野鳥が主役の公園が実現できたことを素直に喜びたいですね。(中略)公園内の林は茂ると森になるような植え方をしてあり、十年後、どんな鳥がやってくるか、都民の方がどんな利用をしているのか、楽しみです」と神妙である。面積については表向きは二十四ヘクタールだが、市場との共有部分も含めれば実質的には二十七ヘクタール近いのだ。でも実際は、できたての野鳥公園は緑に包まれた水辺という風景からは遠かった。大地は剥き出しで、植えた木はまだひょろひょろだった。野性のエネルギーに満ちていたころのただの埋立地がなつかしかった。いったい十年後、二十年後、どんな公園になっているのか、怖いような気がしていた。

戻ってきた鳥たち

また野鳥公園として発足してからは、人は鳥たちを脅えさせぬよう、観察小屋の窓や観察路から眺めることになった。つまり野鳥のすみかは〝聖域〟として守られるのだ。それまで自由にアシ原や干潟を駆けまわっていた「小池しぜんの子」の方法は、通用しない。内心では不満を抱えながら、公共の公園のルールに従うべく路線変更となった。しかし子供たちを野外で〝自然の子〟としてのびのびさせる、という基本方針は奥多摩の山村合宿などで生かすようにしている。「序にかえて」で私が強調したとおり生活から自然環境が切り離されてしまった現代では、野生生物の保護と同時にヒトの自然性（野性）の保持が、重要な課題ではないかと思う。それに野鳥公園での厳しい自然の管理は、やはり顕著な効果を上げたのである。まだ貧弱な舞台装置にもかかわらず、ここが安全だと知ってたちまち多数の水鳥が戻ってきた。とりわけユリカモメはいつも数百、数千羽の群れで見ることができ、驚いた拍子に白い旋風のように水面を舞う。カモメ天然ショーは野鳥公園の名物として、見物客やカメラマンの足を誘った。

先月（平成十六年（二〇〇四）一月）半ば、私はいつものように双眼鏡をバッグに忍ばせて野鳥公園に出かけた。今年は開園十五周年に当たるので、何かにつけていろいろと思うところがある。公園付近は、当時に比べると別の場所のようにすっかり変貌した。高速湾岸道路が横浜まで開通し、千葉方面からの大型車が引っきりなしに通っていく。空地は倉庫などの建物でふさがり、この上なく殺風景な場所のさ中に、濃密な緑の城壁、現在の野鳥公園の外郭がこつぜんと現れるのだ。正門から入り口までのゆるやかな坂道をのぼる。ヒヨドリの大群がけたたましく鳴き騒ぐ。植えこみの常緑樹の実をついばんでいるらしい。

大型の公園としては異例だが、市場との陣取り合戦の結果、管理事務所をはさんで左右に分かれる形になった。まず右手の自然生態園へ入る。この区域には落葉樹が多いので、冬はカラリと明るい雰囲気になる。春になると道ばたをフキやホトケノザやセイヨウタンポポなどの雑草が、かわいらしい色とりどりの花で飾りつける。ちょろちょろと音をたてて流れる小川もある。もうすぐヒキガエルたちが落葉の下から出てきて卵を産みおとすことだろう。

雑木林を出ると、一瞬子供時代に帰ったような気がするのは、畑と水田の風景が現われるからだ。ボランティアを中心に維持されているが、来園者も作業に（もちろん収穫にも）参加することができて、近年人気上昇中の一画だ。

私自身は西淡水池と呼ばれている池と周辺がこよなく好きである。二十六年前、この公園の前身として獲得した三ヘクタールの土地だ。今はうっそうとしたシイやカシの高木の森を背景に、まるで天然の池のように静かに青藍の水を湛えている。人間と馴れあわない自然のもつ独特の不思議な魅力を放つ場所になった。

この日は水面に浮かぶ水鳥は少なかったが、ヒヨドリの大群が行き来し、メジロやシジュウカラが枯れたアシの茎をパチパチ音をたてつついていた。突然、茶色のカラス大の鳥が岸辺の木から向い側の森の木へと飛び移った。観察小屋に備えつけの望遠鏡で眺めると、鋭角に曲がったくちばしが見えた。オオタカの若鳥である。樹林が成長するにつれて、こういう山野の鳥も見られるようになった。そういえば暮れに来たときはカケスがいたが、タカが怖いので隠れているのだろう。

生態園を出て、広場を横切る。ハクセキレイ、キジバト、スズメ、ドバトたちが地面でえさを探している。広場は開園当時の芝生から、クローバーの草地になった。東淡水池と呼ばれている大きな池は、かつてはあのカモメショーの舞台だったが、今は一羽の姿も見当たらない。実はここに集まっていたカモメ類の食事場所は、近くの中央防波堤というゴミの埋立地だったのである。ところが六、七年前から生ゴミではなく、焼却灰が埋められる処分法に変わった。えさ場を失ったユリカモメは、都内の公園や河川に分散し、内陸でもふつうに見られる鳥になった、というストーリーのようだ。

それでも池は様々の種類の鳥でにぎわっている。黒いかっぱを着ているようなカワウ、金色の目のキンクロハジロ、体を赤、黒、灰色に染めわけたホシハジロ、伊達オトコのコガモ、ダイサギとコサギの純白が目立つ。アシ原の中でホオジロとオオジュリンがちょこちょこ動きまわる。黒装束に白い額のオオバンも出たり入ったりしている。愛らしいひなたちを近くで見られる初夏が待ち遠しい。

公園のもっとも奥にある潮入りの池のほとりに、ガラス張りのネイチャーセンターが建っている。雨が降ろうと雪が降ろうと、暖房のきいた建物の中で、この上なくぜいたくな野鳥観察ができる。カニ、貝、ゴカイの多い干潟には春秋に旅鳥のシギやチドリがおりてくる。優美なセイタカシギは私のお気に入りだ。

最後に池のはずれの観察小屋に入り、何気なく望遠鏡をのぞくと、青い小鳥が正面の岸辺の枯木にとまっていた。いきなり水中に飛びこむと、小魚をくわえて元の枝に戻った。飽きるほど長くカワセミを見られた、という幸福感に浸る。対岸には日本最大のサギ、アオサギがたむろしている。帰りがけ、灌木の茂みからヒッヒッと鳴きながらジョウビタキが出てきた。腹部が赤く翼に白い紋のある小さい渡り鳥。

〝東京の風土〟が甦った

十五年前、〝水鳥の休息地〟という看板を掲げて出発した野鳥公園だったが、少しずつ出現する鳥の種類が変ってきたようである。しかし全体の種数としてはさほど増減はなくて、毎年ほぼ一二〇種が見られている。（「野鳥公園開園後の鳥の変遷図」参照）また施工に先だつ基本計画報告書では、昭和五十八年（一九八三）四月までに大井ふ頭埋立地野鳥生息地で確認された種数は二〇三種となっていて、平成十五年（二〇〇三）十二月までに東京港野鳥公園で確認されている種数も同じく二〇三種であった。たぶん公園内の環境や生態系の移り変わりと人為的な周辺の環境の変化によって、ある種が現われなくなっても、そのときの環境に適した別の種が現われているのだろう。でもカモメ類、カモ類の種数や個体数が少なくなったことは、長年通いつづけた者にはやはり寂しい。早く帰ってきてほしいのだが……。（「東京の有名野鳥観察地の野鳥出現種数グラフ」参照）

一方、人間のひしめく〝町〟に近接し、湾岸道路や市場に隣接しているこの稀有な野鳥公園は、十五年たって〝東京の風土〟という新しい役割を提供しているのではなかろうか。従来の都市公園の多くが庭園の鑑賞やリクリエーションだけを目的にしていて、〝東京の風土〟を視野に入れてこなかった。私たちも運動のはじめには意図しなかったが、東京の自然潜在植生であるシイ、カシ、ヤブツバキ林、二次林である雑木林、東京湾の特徴である干潟や後背湿地のアシ原などが容易に復活した経過を目の当たりにして、東京港野鳥公園の環境は東京の原風景の再現であり、「生きている自然史博物館」とよぶにふさわしい、とさえ感じるようになった。人間による技術、管理が必要であっても、その主な復元力は〝東京の風土〟にあったのだから、この公園はこの点では〝わが町〟の自然を表現している舞台でもある。

開園後の野鳥公園は、東京都の外郭団体の東京埠頭公社と日本野鳥の会が管理運営しているが、公園設立に深く関わった市民団体や人々のその後の消息を記そう。「小池しぜんの子」は相変わらず地元でこじんまりと自然観察会を続けている。リーダーたちはかなりの年輩になったが、会員層は幼児から中学生、親たちを含めて幅広い。私は代表を退き、現在は顧問である。「池上自然観察会」は熟女ばかりの自然愛好会になったそうだが、けっこう楽しく続いているらしい。大井埋立地の主《ぬし》だった堀越さんは、千葉の長生郡に引っ越され、画業と有機農業に励んでおられる。高木さんは一時健康を害されて、中華料理店をたたまれたが、まだ地域の水辺への情熱は消えない。かつて若手だった長谷川さんと増田さんはそれぞれ「青べかカヌークラブ」と「リトルターン・プロジェクト」を新たに立ちあげ、東京湾の自然に親しみながら調査をしている。リトルターンことコアジサシが、大田区の浄水場

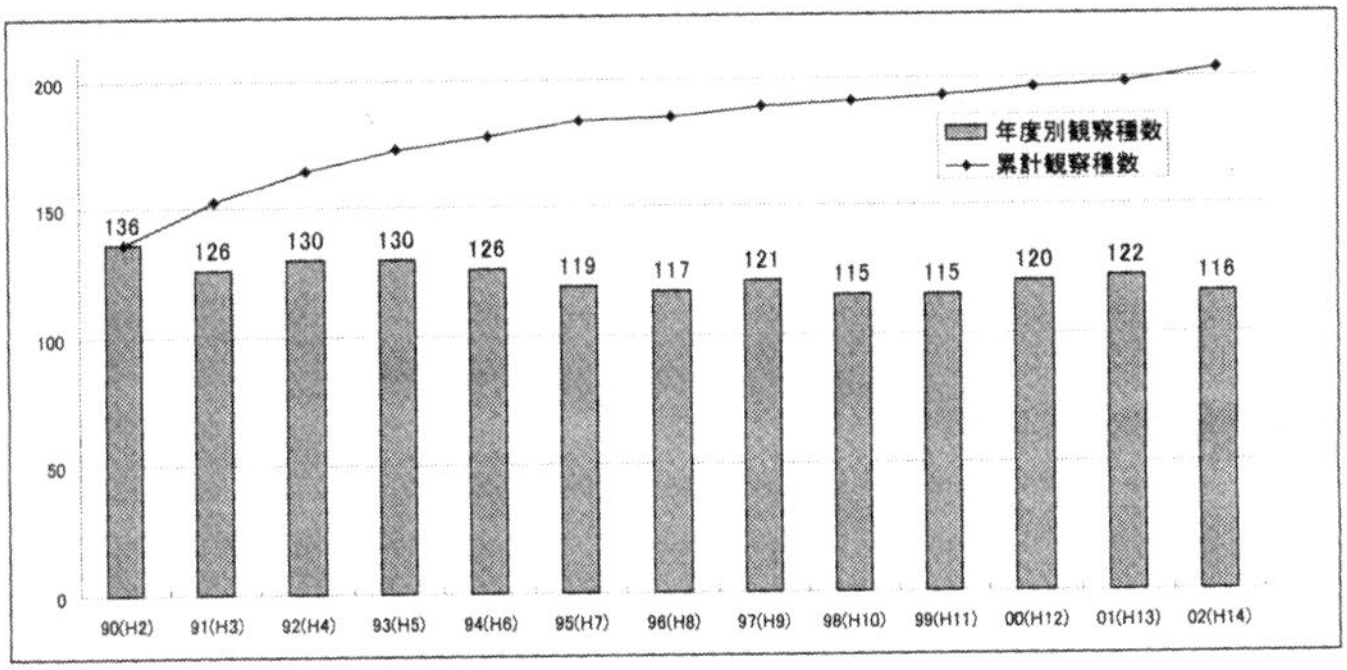

野鳥公園開園後の鳥の変遷図

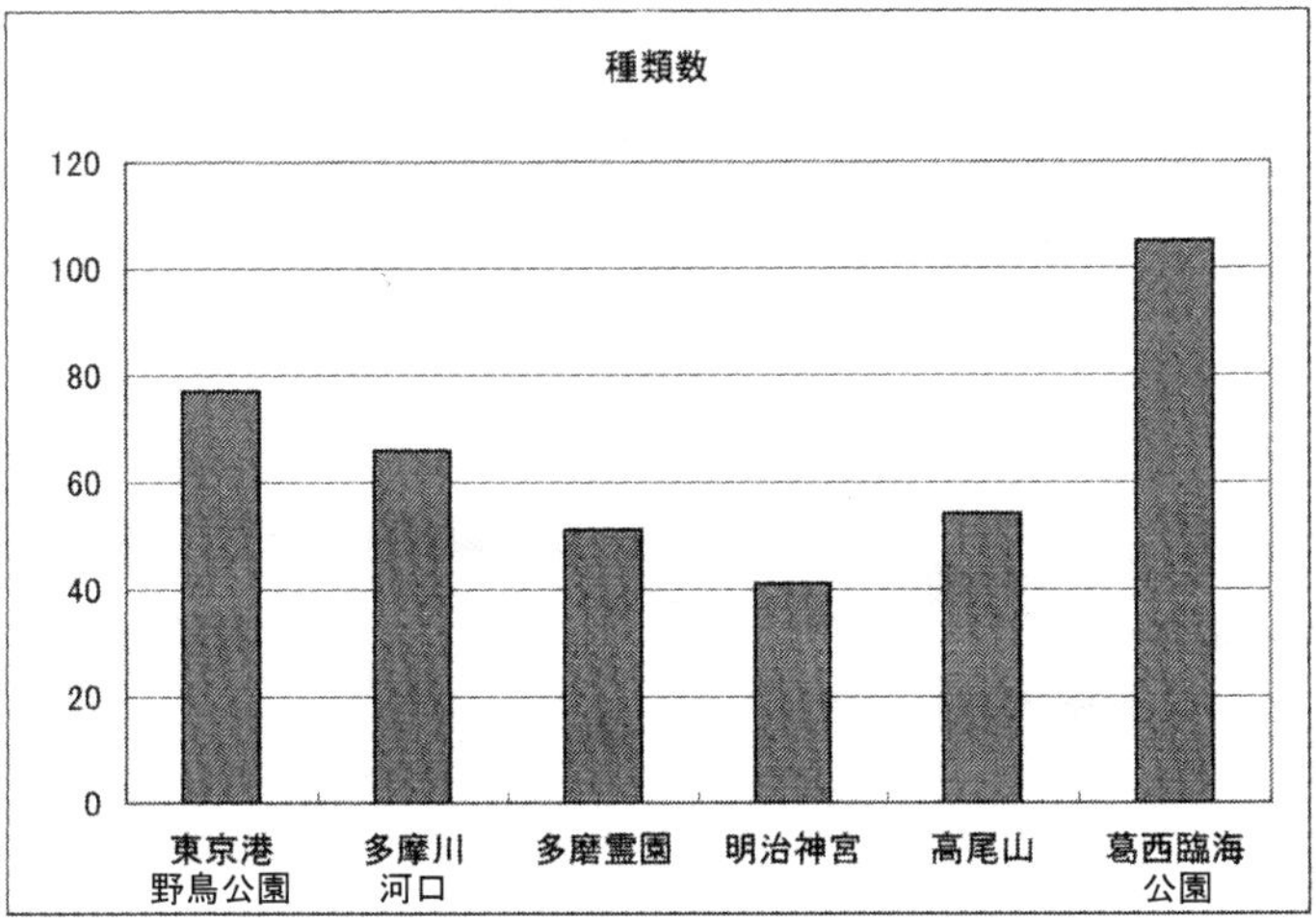

東京の有名野鳥観察地の野鳥出現種数グラフ

＊日本野鳥の会東京支部報『ユリカモメ』2002年4月号〜2003年3月号定例探鳥会記録より作成。

＊葛西臨海公園の種数が多いのは広い海域が含まれているからと思われる。(加藤)

の屋上に営巣し、増田さんのグループが強力な助っ人として活躍し、昨年、千六百羽のひなを巣立ちさせたニュースは全国的に有名になった。

野鳥公園設立の活動の中枢であった大井自然公園推進協議会は「東京港野鳥公園協議会」と改名し、今も問題が生じるたびに港湾局と折衝している。昭和五十八（一九八三）に市場との用地配分が決まった席上で、東京都と交わした約束は守られてきたのだ。現在、協議会の代表は長谷川充弘、事務局は坂本節子が担当している。また、開園と同時に野鳥公園では、ボランティアが活動しはじめた。都が公募した「シルバーボランティア」は来園者の案内が主な業務だが、野鳥公園を愛する人々が自発的につくった「グリーンボランティア」（代表・八木雄二）は今では公園の自然環境調査と維持管理作業、観察会ほかの行事開催には、なくてはならぬ存在に成長した。今年中にはＮＰＯ法人化を実現する予定だ、と聞いている。

財政難の東京都は今後都立公園の管理運営に、指定管理者制度を導入する案を立てているそうだ。平たく言えば民営化への方向づけであろう。東京港野鳥公園の歴史にたずさわってきた者としては、〝東京の風土〟としての自然を表現しているこの貴重な公園の本質を理解し、守りぬく力のある団体に委託してもらいたい。そしてもっともっと大勢の人々、中でも子供や若者たちが、〝わが町東京〟本来の自然環境と生物たちに親しみ、〝個〟に備わる〝自然性〟を発揮してくれれば、東京は元気づくにちがいない。

屋上に営巣したコアジサシ
＊「リトルターン・プロジェクト」提供　撮影:大塚豊（上)、伊東真寿美（下）

「東京港野鳥公園」年譜（一九六六—九〇年）

	大井埋立地野鳥生息地及び野鳥公園に関わる事柄や動き	国内の自然環境に関わる主な動き
昭和四十一年（一九六六）	大井ふ頭（通称大井埋立地）の市場予定地の埋め立て開始。	
昭和四十三年（一九六八）		ビーナスライン霧ヶ峰線開通。
昭和四十四年（一九六九）		新全国総合開発計画閣議決定。
昭和四十五年（一九七〇）		八幡平アスピーテライン・石鎚スカイライン・ビーナスライン八島線開通。
昭和四十六年（一九七一）	大井埋立地の市場予定地、埋め立て完了。	尾瀬自動車道工事中止。
昭和四十七年（一九七二）	大田区上池台周辺地区の家族と自然の好きな若者が結びつき、「小池しぜんの子」が発足、代表に加藤が就任。 七月、飯能市で第一回観察会実施。	
昭和四十八年（一九七三）	八月、秩父の吾策小屋で「小池しぜんの子」第一回夏休み合宿実施。 代表とリーダーの意見が合わなくなり、一時的に活動休止。	建設大臣、長良川河口堰建設事業認可。 乗鞍スカイライン開通。 「環境週間」始まる。

昭和四十九年（一九七四）	二月の多摩川水鳥観察会より、「小池しぜんの子」活動再開。地域に新設される児童遊園について要望書を大田区に提出。	環境庁、天然記念物ニホンカモシカ捕獲申請に許可。
昭和五十年（一九七五）	二月、母親会員が市田則孝氏の案内で大井埋立地の野鳥生息地を初めて訪れる。現地が市場予定地であることを知り、自然観察用地として残すよう、大田区議会と東京都議会に一一〇四名の署名つきで請願。両議会で趣旨採択。	
昭和五十一年（一九七六）	「大井埋立地自然展」（大井埋立自然観察会主催）に「小池しぜんの子」も協力。 港湾局が市場用地の緑地部分に「大井野鳥公園」をつくる、と申し出。	
昭和五十二年（一九七七）	「小池しぜんの子」会員の手で「大井埠頭自然公園モデルプラン」作成。 「大井ふ頭の海上公園計画に関する意見書」を東京都海上公園審議会へ、「大井ふ頭の自然の保護と回復についてのお願い」を東京都知事に提出。	「しれとこ一〇〇平方メートル運動」始まる。 白山スーパー林道開通。
昭和五十三年（一九七八）	「大井野鳥公園」（三・二ヘクタール）完成。 WWFの助成金が「小池しぜんの子」におりる。 助成金で自然観察ガイドブック『鳥・水・緑――東京湾大井埋立地の自然』発行。	沖縄県石垣島白保海上に空港建設決定。
昭和五十四年（一九七九）	大井ふ頭の帰属は大田区に決定。 新都知事に鈴木俊一氏当選。	
昭和五十五年（一九八〇）	東京都港湾審議会委員へ「大井埋立地における自然公園推進についての要望書」発送。	南アルプススーパー林道開通。 松枯病の多発と農薬空中散布問題。

	大井埋立地の自然保護に賛同する団体が集まり「大井自然公園推進協議会」（代表・加藤）が発足、五万人署名を始める。 「大井自然公園推進協議会」と都港湾局、都市場との初めての公式の話しあい。 自然の専門家集団「大井自然公園懇談会」が都知事に提言。 十二月、六万九八七名の署名を都知事に提出。	谷津干潟の埋め立て。
昭和五十六年（一九八一）	大田区出身の都議会議員八名全員による「大井ふ頭の土地利用計画についての要望」を都知事に提出。 協議会は市場用地五十ヘクタールのうち三十ヘクタールを自然公園にふりむける共存案を都に提案。	「広域基幹林道青秋線」決定。
昭和五十七年（一九八二）	協議会から東京都市場長へ公開質問状提出。 運動は膠着状態。	千歳川放水路計画。 吉野川第十堰改築計画。
昭和五十八年（一九八三）	二月より都市場側と市場・自然公園共存案を根底とする交渉始まる。 八月十一日、自然公園部分二六・六ヘクタールとする修正案で協議会と東京都の合意が成立。 都港湾局は大井野鳥生息地保全基本計画を「日本野鳥の会」に委託。	
昭和五十九年（一九八四）	港湾局野鳥公園の基本設計をアーバンデザインコンサルタントに委託。 三月「小池しぜんの子」が「山本有三記念郷土賞」を受ける。 野鳥公園工事着工。	
昭和六十二年		総合保養地域整備法（リゾート法）

（一九八七）		成立。
昭和六十三年（一九八八）	野鳥公園工事完了。	長良川河口堰建設工事着工。
平成元年（一九八九）	十月十七日東京港野鳥公園開園式、続いて一般公開始まる。大井自然公園協議会は「東京港野鳥公園協議会」に改名、現在に至る。	
平成二年（一九九〇）	「グリーンボランティア」「シルバーボランティア」が活動開始、現在に至る。	秋田県、青秋林道の工事断念。 ＪＯＣと長野県、長野冬季五輪岩菅山コースを断念。

＊日本自然保護協会五〇年誌による

あとがき

東京港野鳥公園が完成してから、私は東京砂漠の中で息苦しくなるとそこに出かけていき、緑の香りを吸い、水辺の風に吹かれ、様々な生きものと遊んでは、家に戻るのが習慣となりました。野鳥公園はいわば私のオアシスです。

「周囲を見まわしても、人間のための道、人間のための建造物、人間のための公園は山ほどあるが、ほかの生物のための施設（つまり自然環境）はほとんど残されても、つくられてもいない」と十八年前のあとがきで私は嘆きました。でも状況は少しずつ変化して、ほかの生物のための環境も重視されるようになっています。二十一世紀には人間中心主義から本気で脱出してもらいたい、と三年後には古稀を迎える私は、次の世代に希望を託しましょう。

改訂版の出版を快諾してくださった藤原書店の藤原良雄さんと編集の山﨑優子さん、ありがとうございました。新しい資料や写真を提供してくださった日本野鳥の会サンクチュアリ室、東京埠頭公社、東京都港湾局、東京都建設局公園緑地部にも感謝いたします。なおカバーに使用した写真は、二十年ほど前から私が保管していたものですが、撮影した方のお名前を失念いたしました。お許しください。

二〇〇四年三月

加藤幸子

東京港野鳥公園へのアクセス

〒143-0001　東京都大田区東海3-1
電話 03-3799-5031　FAX 03-3799-5032
http://www.tptc.or.jp/park/yacho/y_top.htm

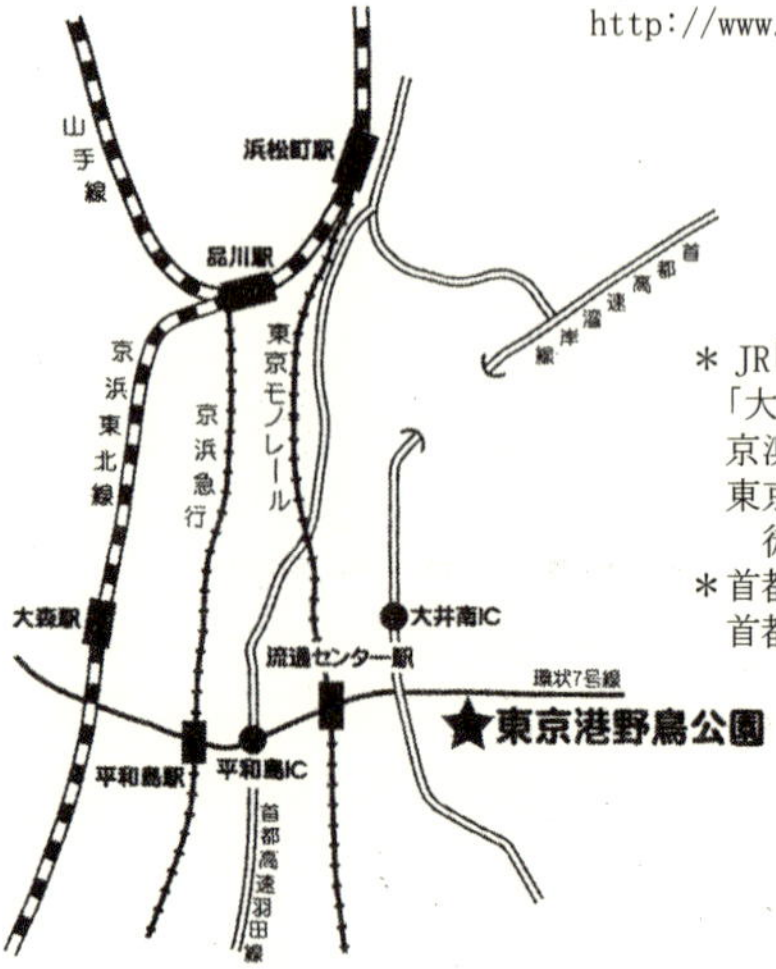

＊ JR「品川」駅からバス約30分
「大森」駅からバス約20分
京浜急行「平和島」駅からバス約10分
東京モノレール「流通センター」駅から
徒歩約15分
＊首都高速湾岸線「大井南」ICより約10分
首都高速羽田線「平和島」ICより約10分

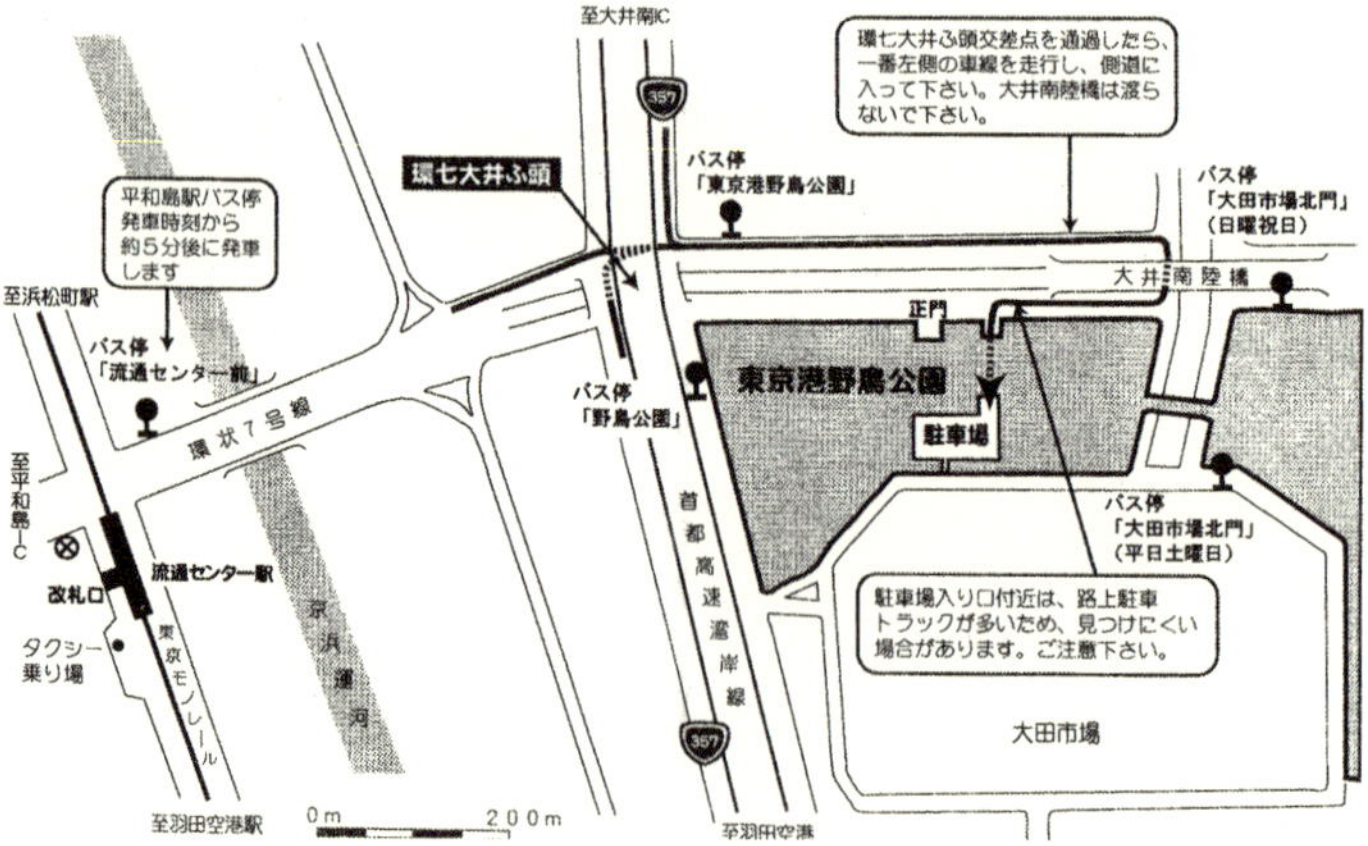

著者紹介

加藤幸子（かとう・ゆきこ）

1936年札幌市生まれ。1959年北海道大学農学部卒。1983年『夢の壁』で第88回芥川賞受賞。著書に『翡翠色のメッセージ』（新潮社、1983年）『私の自然ウオッチング』（朝日新聞社、1991年）『鳥たちのふしぎ・不思議』（共著、晶文社、1993年）『夢の子供たち』（講談社、2000年）『ナチュラリストの生きもの紀行』（DHC出版、2001年）『長江』（新潮社、2001年、毎日芸術賞）『池辺の棲家』（講談社、2003年）他多数。

鳥よ、人よ、甦れ——東京港野鳥公園の誕生、そして現在

2004年5月30日　初版第１刷発行©

著　者　加　藤　幸　子
発行者　藤　原　良　雄
発行所　株式会社　藤原書店

〒162-0041　東京都新宿区早稲田鶴巻町523

TEL　03（5272）0301
FAX　03（5272）0450
振替　00160-4-17013

印刷・製本　中央精版印刷

落丁本・乱丁本はお取り替えします
定価はカバーに表示してあります

Printed in Japan
ISBN4-89434-388-6

6　**常世の樹**　ほか　エッセイ 1973-1974　解説・今福龍太

7　**あやとりの記**　ほか　エッセイ 1975　解説・鶴見俊輔

8　**おえん遊行**　ほか　エッセイ 1976-1978　解説・赤坂憲雄

9　**十六夜橋**　ほか　エッセイ 1979-1980　解説・志村ふくみ

10　**食べごしらえおままごと**　ほか　エッセイ 1981-1987　解説・永　六輔

11　**水はみどろの宮**　ほか　エッセイ 1988-1993　解説・伊藤比呂美

12　**天　湖**　ほか　エッセイ 1994　解説・町田　康

13　**アニマの鳥**　ほか　解説・河瀬直美

14　**短篇小説・批評**　エッセイ 1995　解説・未　定

15　**全詩歌句集**　エッセイ 1996-1998　解説・水原紫苑

16　**新作能と古謡**　エッセイ 1999-2004　解説・多田富雄

17　**詩人・高群逸枝**　解説・未　定

別巻　**自　伝**　〔附〕著作リスト、著者年譜